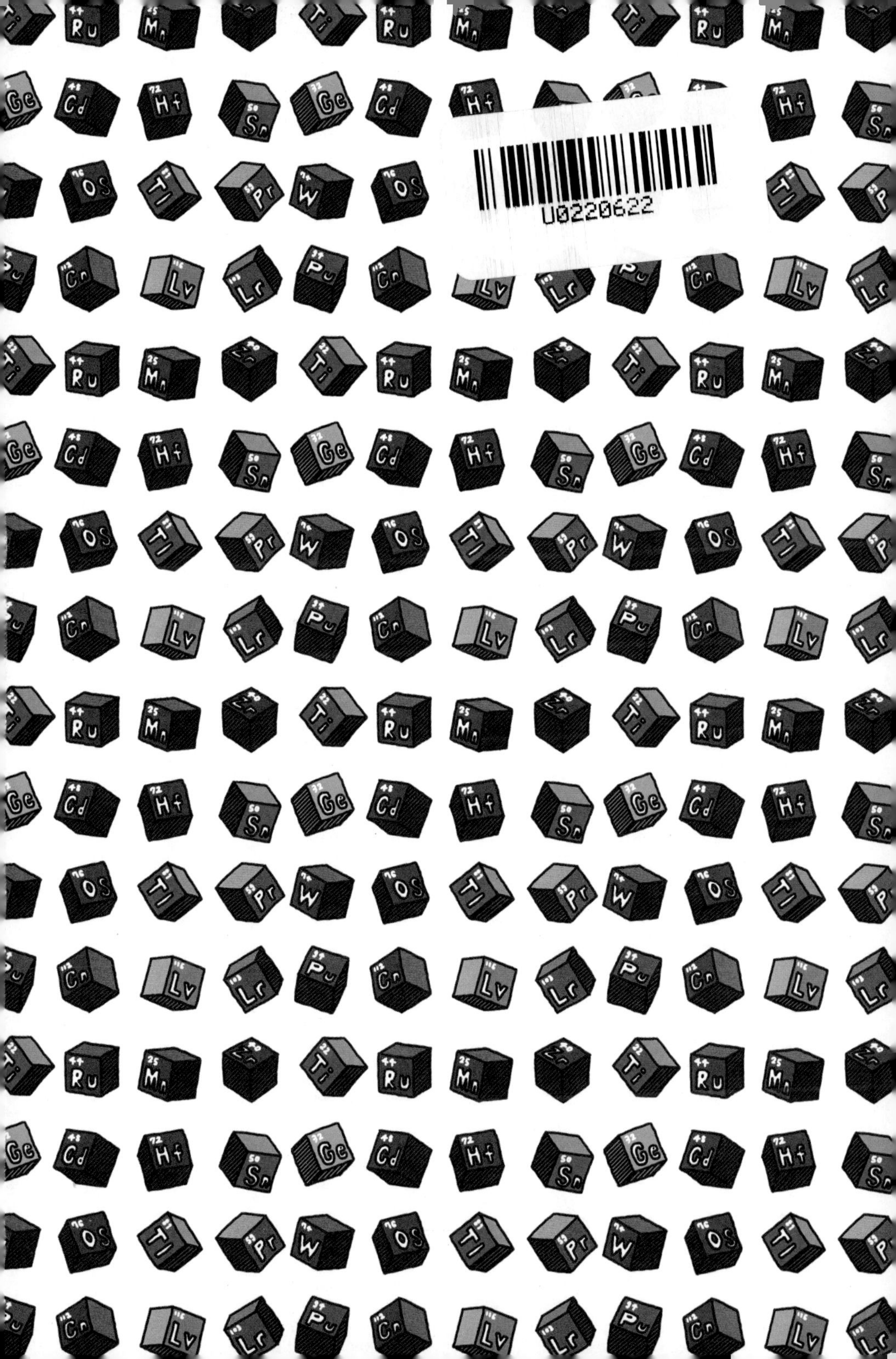

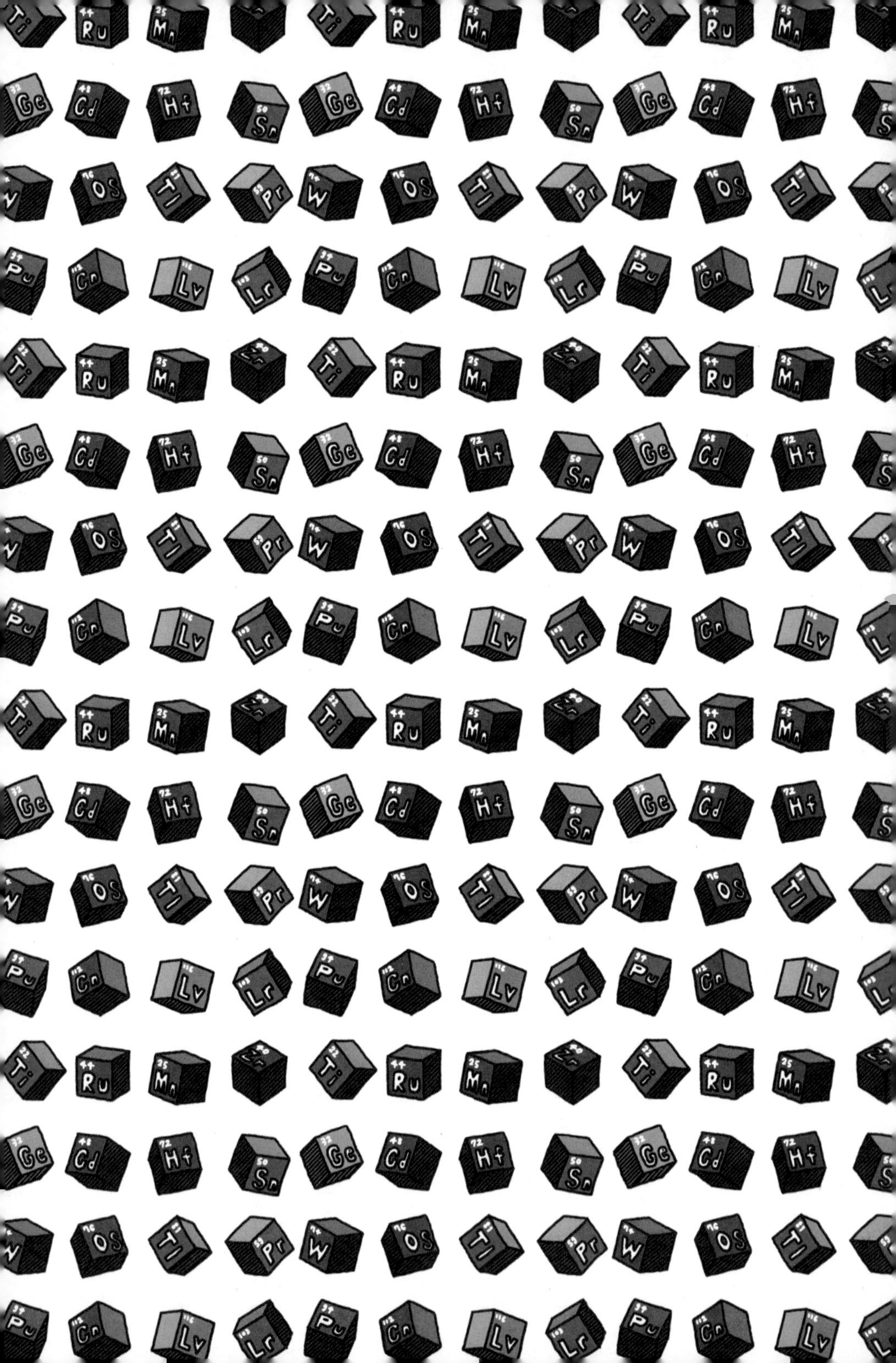

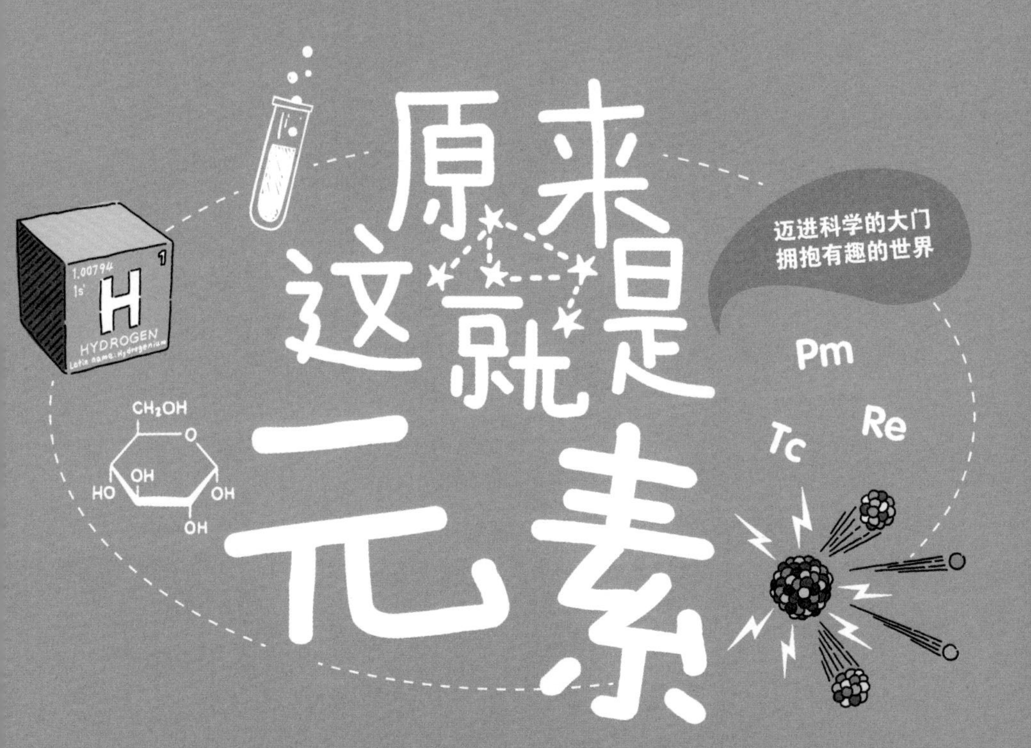

原来这就是元素

【韩】张洪齐（著）
【韩】方相皓（绘）
章科佳 王文慧（译）

華東理工大學出版社
EAST CHINA UNIVERSITY OF SCIENCE AND TECHNOLOGY PRESS
·上海·

图书在版编目（CIP）数据

原来这就是元素 /（韩）张洪齐著；（韩）方相皓绘；章科佳，王文慧译. —上海：华东理工大学出版社，2023.1

ISBN 978-7-5628-6942-9

Ⅰ. ①原… Ⅱ. ①张… ②方… ③章… ④王… Ⅲ. ①化学元素－青少年读物 Ⅳ. ①O611-49

中国版本图书馆CIP数据核字（2022）第176475号

著作权合同登记号：图字 09-2022-0672

策划编辑 / 曾文丽
责任编辑 / 石 曼 赵子艳
责任校对 / 张 波
装帧设计 / 居慧娜
出版发行 / 华东理工大学出版社有限公司
地址：上海市梅陇路 130 号，200237
电话：021－64250306
网址：www.ecustpress.cn
邮箱：zongbianban@ecustpress.cn
印 刷 / 上海四维数字图文有限公司
开 本 / 890 mm × 1240 mm 1/32
印 张 / 5.75
字 数 / 85 千字
版 次 / 2023 年 1 月第 1 版
印 次 / 2023 年 1 月第 1 次
定 价 / 39.80 元

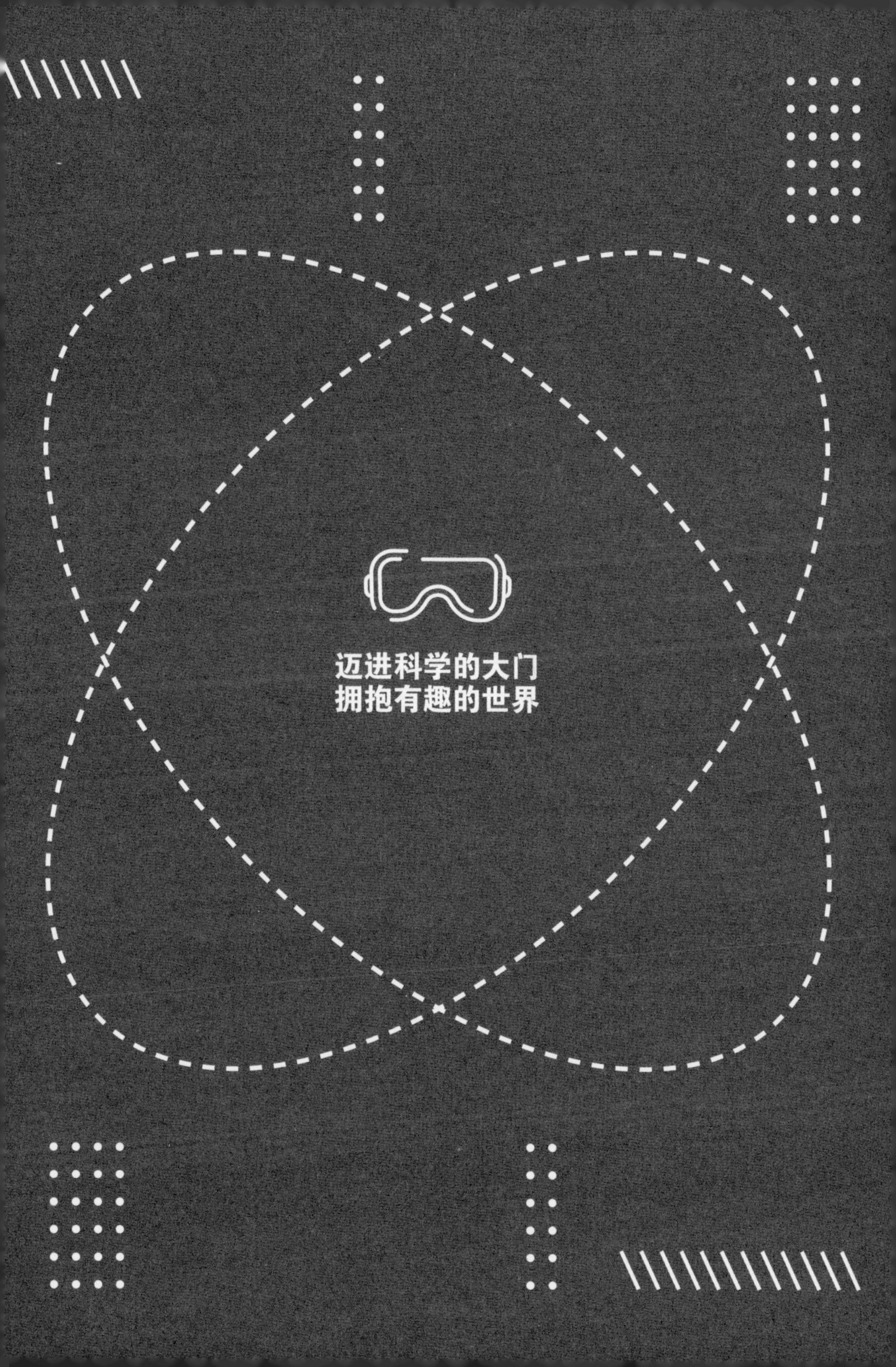
迈进科学的大门
拥抱有趣的世界

朝着小小的元素世界前进

不久前，我开车被堵在路上，等了很长时间。刚在想怎么回事，结果看到了一场烟花表演。伴随着人们的欢呼声，烟花在刹那之间绽放，开始用神秘的颜色装饰天空。在看到烟花绽放的那一刻，我就觉得自己在车里无聊烦躁的几十分钟得到了补偿，不知道你们有没有过类似的经历。

你在观看烟花表演的时候，有没有产生过这样的疑问：烟花表演中的火花为什么不是一种颜色而是五彩缤纷的呢？生活中各种微不足道的点滴有时候会突然变

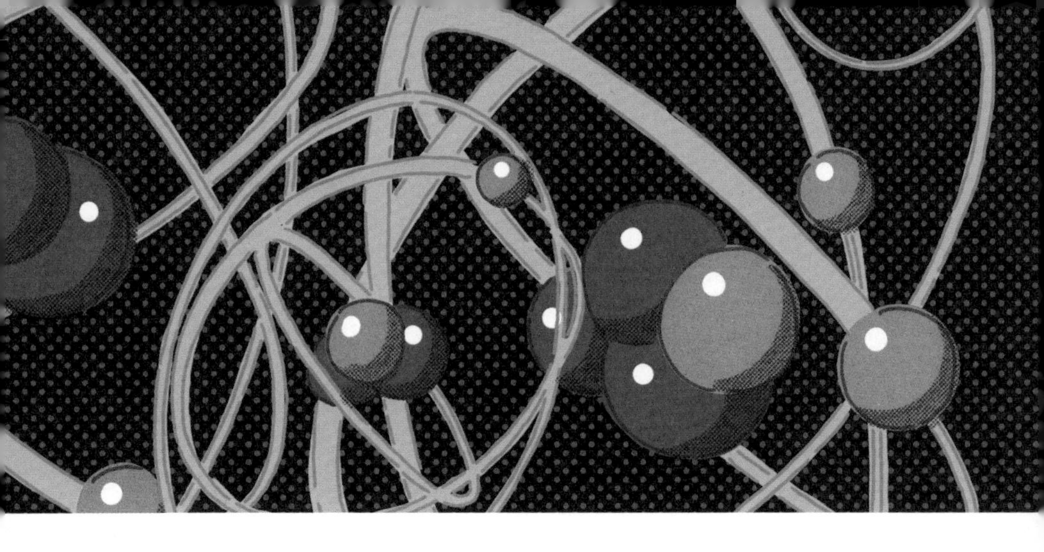

得不一样：当打扫撒落在地上的盐，发现它是四方形颗粒的时候；当学了铁在空气中接触水就会生锈，却又发现它被用作餐具或浴室用品的时候……你会不会想着“咦？好奇怪……”，说的就是这种感觉。

四方形的盐粒、不生锈的铁、各种颜色的烟花，这一切都因为它们是由不同的物质构成的，所以会呈现出不同的样貌。而且这种不同可能还取决于组成物质的更小单位的特性。

组成物质的更小单位，我们称之为“元素”。这些被称为元素的拼图碎片如何排列组合成一幅完整的物质的画，决定了构成世界的数千、数万、数百万种物质的不同特性。那么，我们也自然而然地会产生如下的疑问：

世界上到底有多少种元素？

谁，在什么时候，又是如何找到那些元素的呢？

元素的名称是怎么确定的？

那些名称又有什么含义呢？

还有尚未被发现的隐藏元素吗？

本书的宗旨就在于揭开这些疑问的谜底，就好比我们突然用好奇的眼光，去看待日常生活中那些看似理所当然的现象，人类的历史可以说是努力满足人们这种好奇心的结果。本书将按照从人类诞生到现在的时间顺序来重温这些历史。古往今来，无数科学家为了研究元素反复试验，付出了艰苦卓绝的努力，这也成为文明不断发展的不竭动力。而现在，你们就是创造未来的主人公。从单纯地满足好奇心，转变为去思考元素对世界和人类的影响，如果你能了解有关元素的各种奥秘，就能更加切身地感受到元素和化学对人类社会的意义。我们生活的地球是如何诞生的？人类是以何种方式进化的？文明又是如何发展起来的？化学这一学科是如何形成的？解答这些问题的关键就是元素，元素就在我们看不见的地方对这一切起到了核心作用。

不觉得很神奇吗？无论是我们日常生活中的各类物品，还是我们所生活的地球，或是地球之外的浩瀚宇宙，都始于小小的元素。下面，我们将通过元素开始我们的故事讲述，我保证这是任何人都没有跟你讲过的历史、文化、科学故事。

原子序号 — 1
元素符号 — H
元素名称 — 氢

● 气体
● 液体
● 固体

金属 | 准金属 | 非金属 | 镧系 | 锕系

	ⅠA	ⅡA	ⅢB	ⅣB	ⅤB	ⅥB	ⅦB	Ⅷ	Ⅷ
第一周期	1 H 氢								
第二周期	3 Li 锂	4 Be 铍							
第三周期	11 Na 钠	12 Mg 镁							
第四周期	19 K 钾	20 Ca 钙	21 Sc 钪	22 Ti 钛	23 V 钒	24 Cr 铬	25 Mn 锰	26 Fe 铁	27 Co 钴
第五周期	37 Rb 铷	38 Sr 锶	39 Y 钇	40 Zr 锆	41 Nb 铌	42 Mo 钼	43 Tc 锝	44 Ru 钌	45 Rh 铑
第六周期	55 Cs 铯	56 Ba 钡	57–71 La~Lu 镧系	72 Hf 铪	73 Ta 钽	74 W 钨	75 Re 铼	76 Os 锇	77 Ir 铱
第七周期	87 Fr 钫	88 Ra 镭	89–103 Ac~Lr 锕系	104 Rf 𬬻	105 Db 𬭊	106 Sg 𬭳	107 Bh 𬭛	108 Hs 𬭶	109 Mt 鿏

镧系	57 La 镧	58 Ce 铈	59 Pr 镨	60 Nd 钕	61 Pm 钷	62 Sm 钐
锕系	89 Ac 锕	90 Th 钍	91 Pa 镤	92 U 铀	93 Np 镎	94 Pu 钚

0
2 He 氦
ⅢA
ⅣA
ⅤA
ⅥA
ⅦA
5 B 硼
6 C 碳
7 N 氮
8 O 氧
9 F 氟
10 Ne 氖
13 Al 铝
14 Si 硅
15 P 磷
16 S 硫
17 Cl 氯
18 Ar 氩
Ⅷ
ⅠB
ⅡB
28 Ni 镍
29 Cu 铜
30 Zn 锌
31 Ga 镓
32 Ge 锗
33 As 砷
34 Se 硒
35 Br 溴
36 Kr 氪
46 Pd 钯
47 Ag 银
48 Cd 镉
49 In 铟
50 Sn 锡
51 Sb 锑
52 Te 碲
53 I 碘
54 Xe 氙
78 Pt 铂
79 Au 金
80 Hg 汞
81 Tl 铊
82 Pb 铅
83 Bi 铋
84 Po 钋
85 At 砹
86 Rn 氡
110 Ds 𫟼
111 Rg 𬬭
112 Cn 鿔
113 Nh 鿭
114 Fl 𫓧
115 Mc 镆
116 Lv 𫟷
117 Ts 鿬
118 Og 鿫
63 Eu 铕
64 Gd 钆
65 Tb 铽
66 Dy 镝
67 Ho 钬
68 Er 铒
69 Tm 铥
70 Yb 镱
71 Lu 镥
95 Am 镅
96 Cm 锔
97 Bk 锫
98 Cf 锎
99 Es 锿
100 Fm 镄
101 Md 钔
102 No 锘
103 Lr 铹

目录

1
元素的分类和排列

2
元素——生命之本

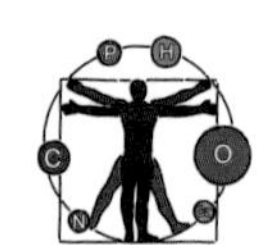

3
元素——人类文明史上的里程碑

4
炼金术——当代化学的雏形

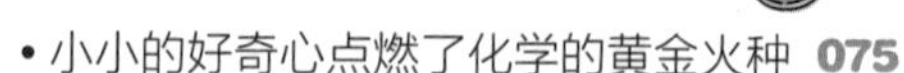

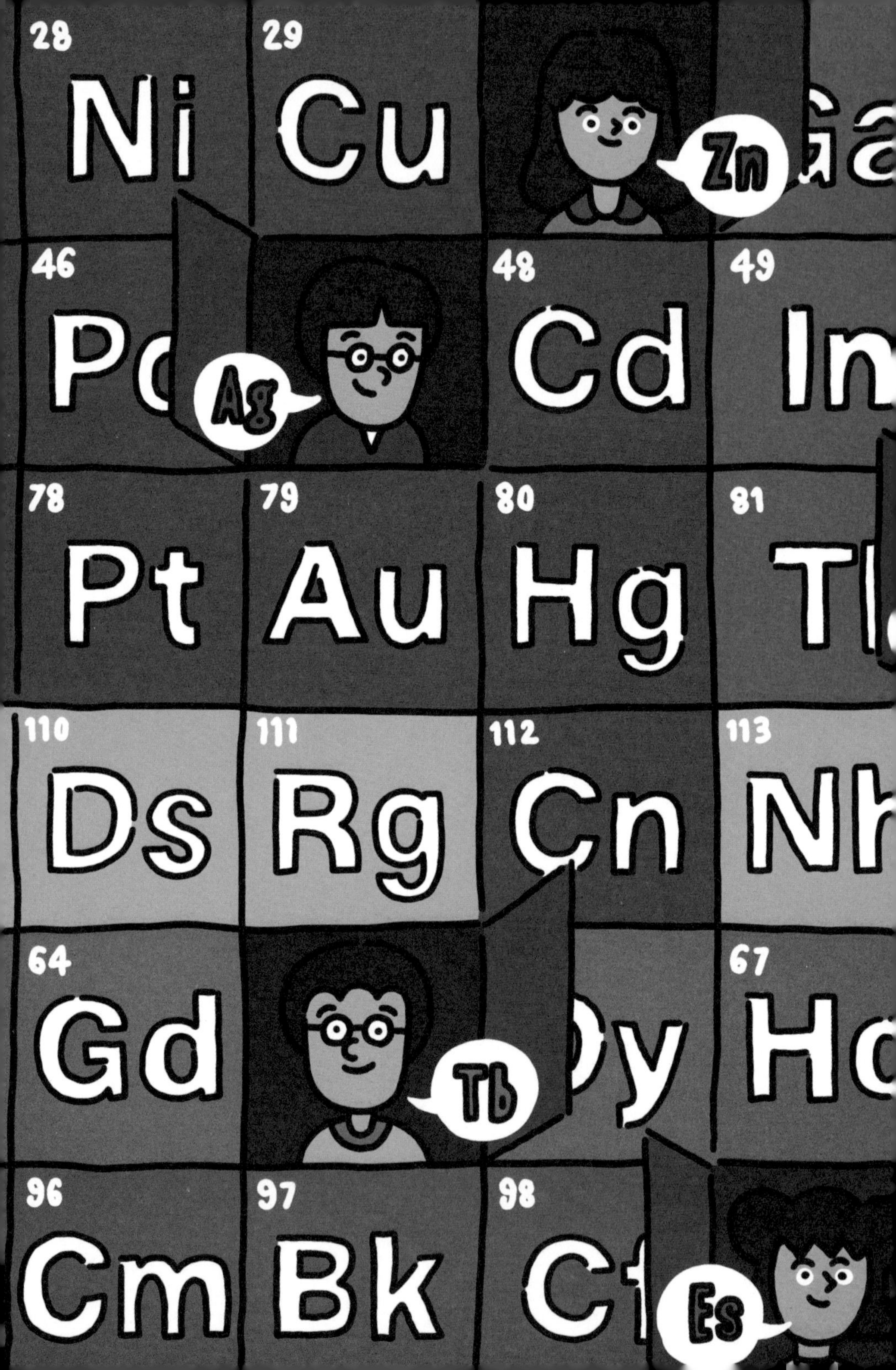

28
Ni
29
Cu
Zn
46
Ag
48
Cd
49
In
78
Pt
79
Au
80
Hg
81
110
Ds
111
Rg
112
Cn
113
64
Gd
Tb
67
96
Cm
97
Bk
98
Es

32 Ge
33 As
34 Se
35 Br
Sr
1
53 I
85 At
元素的
分类和排列
14 Fl
117 Ts
Tm
70 Yb
71 Lu
101 Md
102 N
Lr
Fm

不知从何时起，我们已知晓物质是由什么构成的，以及物质是如何构成的，甚至我们还能直接对物质进行改造，而这一切都要归功于科学技术的发展。通过在学校里以及各种媒体上相关知识的学习，我们也懂得这些物质的基本构成要素是一种叫作原子的极小粒子。这里就会有一个问题，我们在日常生活中会借助高像素相机或显微镜来观察那些肉眼看不见的物质，比如细菌、尘埃或是盐粒等，但原子这种粒子非常非常小，小到即便借助以上这些工具也无法观察到。举例来说，现实生活中头发丝已经非常细小了，一根头发丝的直径约为100微米（0.000 1米）；而原子直径的数量级则是0.1纳米（0.000 000 000 1米，相当于头发丝直径的百万分之一）。

那么，到底是谁提出了原子的概念，又是如何找到它并进行研究分析的呢？此外，元素、原子、分子分别是什么，它们之间又有什么区别呢？科学家们找到各种元素后，又是如何表示这些元素的呢？让我们逐层分析元素周期表中的各种元素，探寻其中的奥秘和重要意义吧！

寻找世界的本原

在现实世界中，原子是构成物质的基本单位，而化学世界中最基本的概念则是“元素”，“元”意为“开始”“本初”，而“素”代表“原本”“基础”，两者结合，意指构成世界的本原。

元素这一概念最早可追溯到被誉为“哲学之父”的古希腊哲学家泰勒斯，他提出“世界万物的本原是水”，这一命题基于他对现实世界的观察：所有生命体，包括动植物和人在内都含有水；在高温和低温时，水会发生有趣的物态变化（关于物态变化的更多知识，请参考本系列的另一册图书《原来这就是物质》），分别转变成水蒸气（气态）和冰（固态）；水从天上落下，到地面后汇聚成江河湖海；水是人类赖以生存和发展的重要物质资源之一，它左右着人类生活的方方面面。之后，也有很多哲学家对“水之类的物质是世界本原”的问题进行了探究和思考。特别是从亚里士多德开始，我们所熟知的“元素”的概念登上了历史舞台。根据前人观察和思考世界本原的结果，亚里士多德大力提倡四元素说，即“万物的本原是水、火、土、气四元素”，同时他认为这四者又“由冷、热、湿、燥四种基本物性组合而成”。

事实上，对“物质是世界本原”这一问题的探究和思考的过程不仅影响了化学的发展进程，也深深地影响了整个人类思想的发展进程，因为它完成了人类对万物存在的本原的认识从“神”到“物质”的思想转变，而物质是科学的、客观的。此外，很多哲学家为亚里士多德四元素说的确立做出了贡献，据传，他们还思考并提出了在肉眼可见元素之外的精神元素，其中的代表有无限（aoriston）、爱（phlia）、憎（neikos）、灵魂（aither）等，它们也被认为是元素的一种。这些具有精神价值的元素不仅影响了哲学和思想的发展，还对化学这一研究变化的学科的发展带来了积极的正面影响，因为它开始考虑并假定化学的构成要素问题。比如，对化学反应的定义用当时的语言来说，那就是“喜爱电子”的原子与“憎恶电子”的原子结合生成“融洽和谐”（稳定）的物质。

亚里士多德还指出，四元素“存在一种本质”，这一点也值得我们关注，后来的德谟克利特（Democritus）

正是对这种本质进行了思考和探究之后，提出了最早的“原子说”。原子这一名词本身就包含了很多信息，它源自希腊语“atomos”，意为“不可再分”，从中可以得知，它是物质最为本质和重要的基本单位。

元素和原子的区别

接下来，我们一起来了解一下元素和原子的区别。尽管在日常生活中很多人会认为这两者的差别并不重要而就此略过，或者将两者混淆使用，但准确地解释元素和原子的含义，说明它们的区别，正是本书的宗旨之一。

简单而言，元素是“构成物质世界的基本要素”，而原子是“构成元素的基本单位”。如果说元素是一般对象根据不同性质划分的种类，那么原子就是这一种类中的具体客体。做一个简单的类比，假使将包括我们在内的所有人定义为“人类”，那么人类又可以从“人种”这一层面，根据分布地区的不同细分为亚洲人、欧洲人、非洲人、美洲人等。想象一下，如果说不同的人种是构成人类的元素，那么在同一人种内部，尽管每个具体客体的身高、体重等这些具体的外形特征会有所差别，但都具备了该人种的所有特点，正如众多的原子构成了各自的元素一样。

除了科学领域，这种分类方法还适用于其他领域。比如，针对“花”这一一般对象，我们首先可根据“开花的季节”把花分为不同的“类别”，然后不同季节的花又可以分为不同的具体的类别。以“春天开的花”举例，又可分为迎春花、杜鹃花等“具体客体”。

随着时间的推移，元素和原子的定义逐渐明晰。现在，我们可以将元素定义为“同一类原子的总称”，将原子定义为“化学变化中不可再分的粒子”，这样的定义科学而严谨，不会产生任何的混淆。然而，由于元素是描述物质特性的概念，而原子是涉及实质性粒子的概念，因此，回答“原子是由什么构成”的问题就变得尤为重要。

一般来说，对原子等粒子的结构和组成的研究主要集中在物理学领域，但为了更好地理解元素的特性和化学这一学科，我们也有必要了解原子的结构及其发展历程，以下仅作简单叙述。

英国化学家道尔顿（John Dalton，1766—1844）提出的原子论的观点为科学原子论的发展奠定了坚实的基础，但他也仅仅强调了“原子是一种坚硬的球形粒子”，并没有描述其具体的结构。之后，英国物理学家汤姆孙（Joseph John Thomson，1856—1940）在给真空玻璃管内的电极加高电压时，发现了原子中存在一种带负电荷的粒子，然后他就提出了一种原子模型，即原子内部均匀分布着带正电的物质，而带负电荷的粒子镶嵌在其中，如同布丁上的葡萄干一般。后来，带正电的物质被称为“质子”，带负电的粒子被称为“电子”。不过，这种结构与我们现在对原子的认知有很大的差别。

这以后，英国物理学家卢瑟福（Ernest Rutherford，1871—1937）用α粒子（阿尔法粒子，其实就是氦离子He^{2+}，由两个质子及两个中子组成，不带电子，带两个正电荷）轰击金箔的时候，发现大部分粒子能够顺利穿过，而小部分被弹回，从而确认在原子内部一块非常小的区域内，存在一个极其致密且坚硬的粒子团，这个粒子团被称为“原子核”。后来他又通过各种实验，发现了原子核由质子和中子组成，前者质量非常巨大，约为电子质量的1 836倍。

原子之间的相互吸引与排斥

后来人们才发现原子是由位于原子中心的高密度原子核和一些微小电子构成，这些电子围绕原子核运动。由此，我们也能得出以下两点推论：

第一，带负电荷的电子和带正电荷的质子相

互吸引，使粒子处于稳定的电中性状态。这种含有相同个数的电子和质子的电中性粒子，我们就将其定义为原子。

第二，构成原子核的质子和中子紧密地结合在一起，而围绕原子核运动的电子，只要外部提供一定的能量，它们的数目就很容易减少或增加。因此，一旦电子的数目减少，原本呈电中性状态的原子就会带正电荷；而电子的数目增加，整个原子则会带负电荷。

在这里，我们尤其要关注第二个推论，即原子会根据电子的增加或减少而带不同电性的电荷。在第一个推论中，我们已经明确了原子是处于电中性状态的，那么，像这种带电的粒子，我们称之为“离子”，离子是化学反应中的核心部分。处于中性状态的原子再怎么聚集在一起，也很少会自发地发生化学反应；相反，当有些粒子带正电，有些带负电的时候，它们之间很容易发生反应，就像磁铁的N极和S极互相吸引一样。在这一过程中，起到关键作用的就是原本个数与质子的相同，让整个原子处于电中性状态的电子。电子的得失打破了原子原来的电中性状态，而重归电中性的内在属性又会促使它和其他原子重新结合，即发生化学反应。而原子到底是变为带正电荷还是负电荷的离子，即“形成何种离子”，取决于该元素原子的特性，包括电子的个数、倾向于形成离子的种类、物理性质及化学性质等。科学家们正是根据这些特性，将各个元素进行分类排序，最

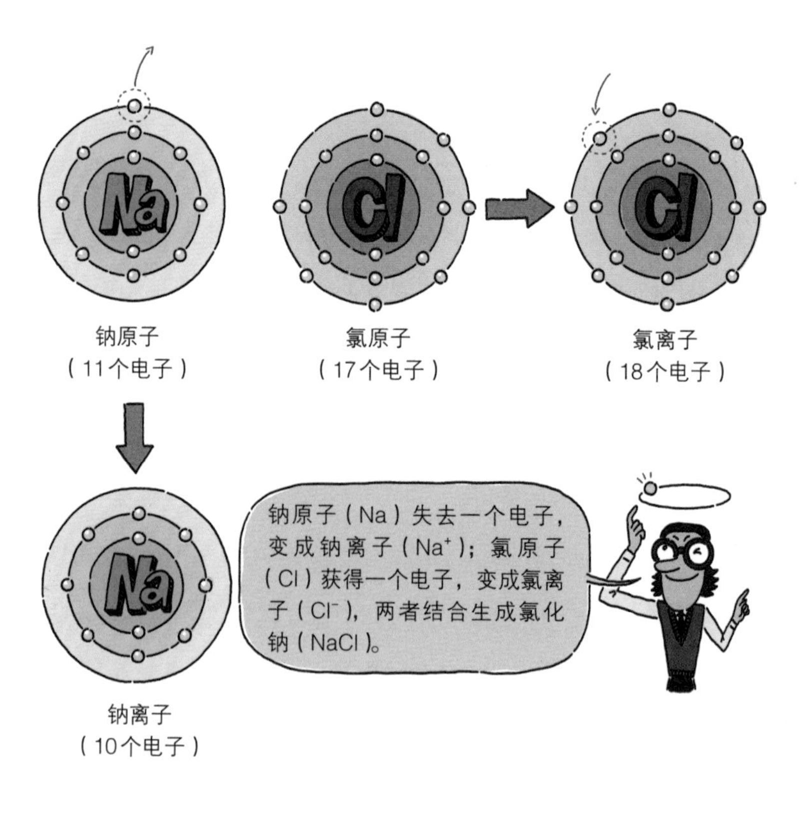

终完成了现在被广泛使用的元素周期表。

电子的增加或减少，会使原子发生不同的变化，因此，我们说电子是化学反应的核心。那么，隐藏在原子内部最深处的原子核中的质子又代表什么呢？质子是一种非常重要的粒子，它决定了元素的本质。质子不会轻易地减少或增加，因为它们紧密地结合在原子核内。因此，我们可以通过质子的个数来划分元素的种类，就像在商场里我们只要扫一下条形码，就能知道相关商品的信息一样。

当我们深入观察组成世界的物质时，就可以发现它们是由各种原子构成的。再深入一些，我们还能得到如下推论：尽管原子的种类是有限的，但不同原子种类之间的排列和组合能够构成更多的物质。当被问及“如果人类的所有现有科学知识都丢失了，只有一句话可以传给下一代用来重建文明，那么这句话应该是什么？”理查德·费曼（Richard Phillips Feynman，1918—1988）回答道：“我认为这句话是原子假说，即所有的物体都是由原子构成的，它们非常微小，不停地运动，当彼此远离时相互吸引，当彼此过于靠近时相互排斥。”费曼是著名物理学家，他以惊人的洞察力首次提出了纳米的概念。作为留给下一代的唯一一句话，他选择了原子假说，可见原子的重要性。

根据特性划分的分类体系表

在开始本节的内容之前，有必要再来总结一下前面的内容。

我们编写此书的目的就是了解构成世界的起点，而这个起点就是构成世界的基本要素——元素。由于元素仅具有宏观性质，因此需要引入原子的概念，用于定量计量。说得更简单一些，原子能够用眼睛观察，而元素是同一类原子的总称。原子这种粒子由质子和中子紧密结合构成的原子核，以及围绕原子核运动的电子组成，这些都是可以通过眼睛观察确认的，而原子内部的质子和电子的数量，又决定了各自元素的特性，并建立起世间万物的框架。我们还知道，当原子外围的电子减少或增加时，就会发生化学反应，通过化学反应，又会产生新物质。

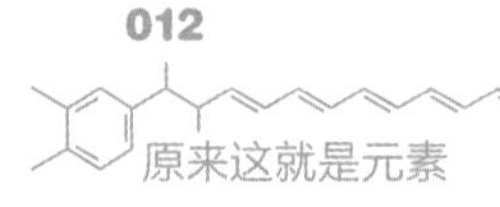

接下来，我们会讲解如何根据元素的特性来对元素进行分类，以及如何根据物质特征对元素进行命名。这部分内容就是元素周期表的相关内容，它是我们了解元素必须跨越的高山。

从没有书面记录的远古到现在，人们在发现和利用各种物质的过程中接触到了许多元素，但在这一过程中，出现了很多复杂的情况，比如不同地区对相同的元素进行了不同的命名，过去已经发现的元素被重复报告等。幸运的是，现在世界各国的科学家共同整理了一份元素表单，包括那些只能短时存在的元素在内，目前已知的元素共有118种，这就是我们在科学或化学课本中见过的，看起来很像棋盘或公寓楼的元素周期表。为纪念元素周期表诞生150周年，2019年被联合国指定为“国际化学元素周期表年”。

这些元素被发现的时期各不相同，因此它们一开始并没有被完整地排列成表。是谁，缘何，又是如何创立了元素周期表呢？元素周期表的意义究竟有多重大，以至于还要单独指定“国际化学元素周期表年”呢？

我们用一副扑克牌来类比排列元素的历史过程。首先，想象一下，桌面上放着一副任意排列的扑克牌，扑克分为红和黑两种颜色，黑桃、红桃、方块、梅花四种花色，2～10九个数字和J、Q、K、A四个字母，除去大王、小王后，总共52张牌。这52张牌稍有变动，整副牌的顺序就会被打乱。如何准确地进行整理呢？仔细想一想，就可以发现这其中并非没有头绪，可以按照颜色、花色、数字顺序或者字母顺序进行分类。按照上述的某一基准，就可以把这些繁杂的信息进行梳理和排列，从而构成一个完整的体系。

同样地，对元素也可以设定基准并以此进行分类，而现行的元素周期表正是各种分类方法尝试后的结果。1829年，德国化学家德贝赖纳（Johann Wolfgang Döbereiner，1780—1849）以当时已知元素的性质和构成同一元素的相对原子质量为基础，对元素进行分类，并发现了如下的“三元素组”。

氯（Cl）－溴（Br）－碘（I）

锂（Li）－钠（Na）－钾（K）

钙（Ca）－锶（Sr）－钡（Ba）

锰（Mn）- 铬（Cr）- 铁（Fe）

硫（S）- 硒（Se）- 碲（Te）

其中有些你可能听说过，有些非常陌生吧？括号前面的文字即为元素的名称，而括号内的字母则是元素的另一种表达方式，称为元素符号。正如上文所说，很多国家对元素的命名各有不同，所以才会有元素符号这种统一的命名方式。比如，汉语中的“硫”，在韩文中称作“황”，英语中为“Sulfur”，德语中为“Schwefel”，尽管各自的名称不同，但所有国家共同使用“S”这个统一的元素符号。元素符号的诞生也是多种因素共同交织而形成的伟大事件，以后再做详细介绍。

德贝赖纳首次根据元素之间相同的特性进行分组，开创了“三元素组”的划分。然而，分别计算每个组别各元素的相对原子质量，就会发现一个有趣的现象。那就是中间元素的相对原子质量近似等于前后两个元素的平均值。当然这纯粹是一种巧合，当时大部分的化学家也将其看作是一个巧合，但也极大地启发了后来的研究者将元素放在周期表框架内进行体系化的研究。

化学词典——元素周期表的完成

这之后，很多化学家按照各自的方法，对元素排列发起了无数次的挑战。法国地质学家尚古多（Alexandre-Émile Béguyer de Chancourtois，1820—1886）以相对原子质量为基准，对元素进行了排序；德国化学家迈尔（Julius Lothar Meyer，1830—1895）成功地根据相对原子质量递增的顺序对元素进行了排列。这些方法都是基于德贝赖纳的分类方法之上，印证了更多的元素之间存在某种规律性。英国化学家纽兰兹（John Alexander Reina Newlands，1837—1898）在元素周期表创立的过程中也发挥了重要作用，在根据相对原子质量对元素进行排序的时候，他发现了元素的性质存在周期性规律：每到第八个元素就会出现和第一个元素相似的性质，就如同音乐中的八度音阶一样重复出现。

现在我们熟知的元素周期表最早的版本见于俄国

化学家门捷列夫（Dmitri Ivanovich Mendeleev，1834—1907）在1869年发表的一篇名为《元素的性质与原子量的关系》的论文中。事实上，门捷列夫的元素周期表是在前人各种研究成果的基础上编制而成的。既然如此，我们为何还要称他为“元素周期表之父”呢？原因如下。

第一，门捷列夫确立了周期表的纵向为族，横向为周期，后来科学家们对周期表的补充和完善都在这个框架内进行，并形成了现行16个族7个周期的最终形态。各元素的特性由原子的最外层电子数决定，因此可以将最外层电子数相同的元素作为一族。例如，在主族元素中，第一主族（ⅠA族）元素的最外层电子数是1，第二主族（ⅡA族）元素的最外层电子数是2。此外，为了更直观地表示同一族各元素的位置，周期的概念又被引入。相同周期元素的电子层数相同，第一周期的元素电子层数为1，第二周期的元素电子层数为2，正是基于这两方面的考虑，元素周期表被绘制成纵横交叉的二维图式。

第二，门捷列夫用问号填充了周期表中的某些空

格，这表示可能存在但当时未能发现的元素，故排序时进行了留白，也有可能是已经发现但对其相对原子质量的准确性存疑。这对元素的发现和研究来说是一项非常伟大的创举。

说得更具体一些，门捷列夫对周期表中硼（B）、铝（Al）、锰（Mn）、硅（Si）下方尚未发现的空格元素进行了预测，分别命名为“类硼”“类铝”“类锰”“类硅”，后来这些元素先后被发现，并分别被命名为钪（Sc）、镓（Ga）、锝（Tc）、锗（Ge）。让人惊讶的是，这些元素的化学特性和物理特性竟然与门捷列夫预测的高度一致。预测作为人类挑战未知领域时最重要的认知活动之一，它可以启迪我们通过计算、实验等方式进行科学验证。此外，科学中最困难的工作就是从既有事实中找出错误并进行修正，而门捷列夫通过预测相对原子质量修正了当时元素排列的种种错误，并编制了更为科学的列表，在这一方面他厥功至伟。

简单来说，元素周期表就是将元素按照一定的顺序排列，并能准确预测各种元素的特性及其相互关系的列表。然而，整个元素周期表包含了数百种信息，尽管已经根据周期和族进行横纵匹配，完成了成体系的整理，但是一开始接触还是会觉得很复杂。我们身边也有一个包罗万象的媒介，那就是——词典。没有人（除去极个别特例）会为了获得读书的乐趣，而从头至尾地去翻看词典，但在我们急需的时候，恰恰又是词典告诉我们包括字词、释义等各方面所有的准确概念。元素周期表也具备同样的意义，它是众多科学家集体智慧的结晶，是经过充分论证的客观成果，它是最基础的一本化学词典，为从事科学特别是化学领域研究的人员提供了解决路径和相关信息。因此，为了纪念元素周期表诞生150周年并重温其重要意义，联合国将2019年指定为“国际化学元素周期表年”。

元素周期表的趣闻

元素周期表为何在科学尤其是化学领域极其重要呢？你可以把它看作是化学家的元素地图，它对化学家的重要性相当于地图或交通路线图对出行者的重要性，薄薄一张纸上各种信息一目了然。当我们需要去自己不曾去过，甚至未曾听过的地方时，如果没有地图我们就只能站在原地不知所措，而有了地图我们就可以知道这个地方在哪个位置，该走哪条路线去往此地，它的周边又有些什么，从而我们可以制订相应的出行计划。手握这样一张元素地图，能够帮助化学家在设计并进行新的化学反应，或者构建新的物质结构时，迅速查阅原子的大小及排列，密度和状态等信息，还可以根据周期性规律去推测元素的性质。正是基于此，元素周期表的诞生成为化学史上的里程碑事件，为之后化学的发展奠定了重要基础。接下来我们说一些关于元素周期表的有趣轶事。

门捷列夫因创立元素周期表而获得诺贝尔奖了吗?

元素周期表非常有名，即便不是化学家，很多人也都听说过或者见过，因此人们也都想当然地认为门捷列夫会因此获得诺贝尔奖，但遗憾的是并没有。当时他在诺贝尔奖的竞争中惜败给了成功分离氟（F）元素的法国化学家亨利·莫瓦桑（Henri Moissan，1852—1907），而后与世长辞。而诺贝尔奖只能颁发给在世的人，除非极其特殊的情况（历史上仅有三人），因此，尽管门捷列夫创造了非凡的成就，但最终也没能获奖。

元素周期表有不用的字母吗?

元素周期表中共有118种元素，用一个或两个字母构成的元素符号表示，你可能会觉得所有字母都会用到，但事实上表中并没有“J”这个字母。在门捷列夫创立的早期元素周期表中，曾用碘的德文“Jod”的首字母“J”作为其元素符号，但后来碘的元素名称经国际会议确认变更为英文“Iodine”，其元素符号随之变更为“I”，最终导致现在的元素周期表中也没有“J”。除此之外，由于所有已知元素都在2016年确定名称，所以现行的元素周期表中也没有“Q”这个字母，但我们在给未知新元素命名（暂定名）的时候，还是经常会用到“Q”。

还有其他形式的元素周期表吗?

除了我们在课本中常见的棋盘形元素周期表外，人们一直以来都在孜孜不倦地绘制其他形式的元素周期表。究其原因，并不是为了更加有趣或美观，而是为了绘制能够容纳更多信息的图表，而这也正是元素周期表的意义所在。根据不同的用途，元素周期表也被设计成不同的形式，它们有的标记了各元素在地壳中的含量，有的标记了电子数以反映元素的化学特性，也有的重新设计了外观，使其变得更加直观。

从周期表中的小方格，到我们的身边、地球乃至整个宇宙，无所不在的元素到底是怎么产生的呢？当然，这一切都源自宇宙的诞生，即产生所有物质的宇宙大爆炸。从那一刻起，电子、质子等非常微小的粒子诞生，它们聚合产生了最早的元素——氢（H）。之后，氢元素互相聚合产生了稍重的氦（He），即我们之前提到过的α粒子，这一过程就是元素诞生的开端。然而，元素周期表中的所有元素并非像这样做加法一样依次产生的，它们有些是在宇宙射线的作用下生成的，有些源自巨星和白矮星的爆炸，也有些来自各种中子的聚合、小质量恒星的合并及死亡。

许多元素的背后都有着自己的故事，我们这里无法一一进行讲述。在下面的章节中，我们将一起来了解从古至今元素对我们普通人产生了什么样的影响。

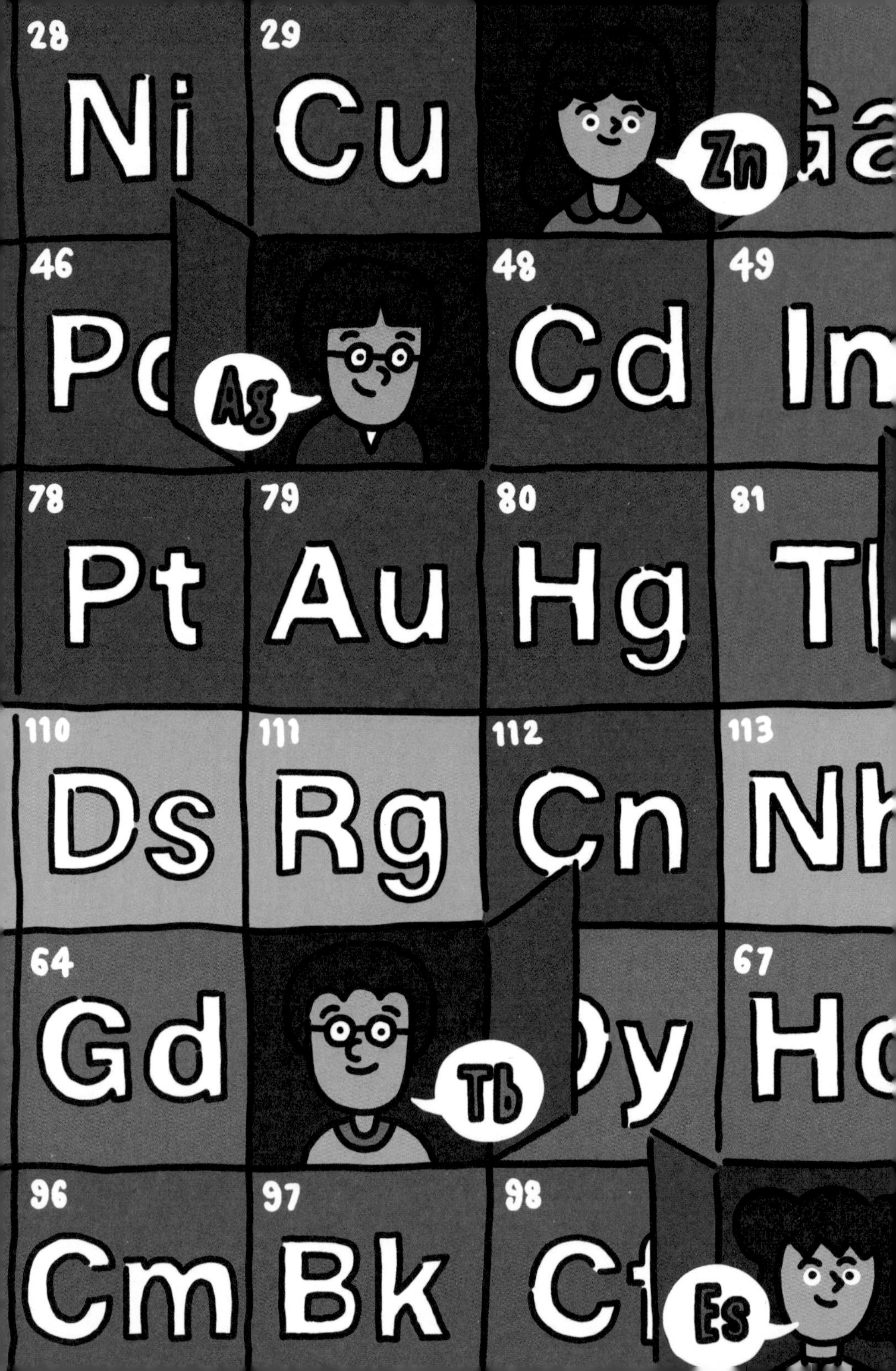
28
Ni
29
Cu
Zn
46
Ag
48
Cd
49
78
Pt
79
Au
80
Hg
81
110
Ds
111
Rg
112
Cn
113
64
Gd
Tb
67
96
Cm
97
Bk
98
Es

32 Ge
33 As
34 Se
35 Br
50 Sr
2
53 I
元素
生命之本
85 At
14 Fl
117 Ts
68 Er
Tm
70 Yb
71 Lu
100 Fm
101 Md
102 N
Lr

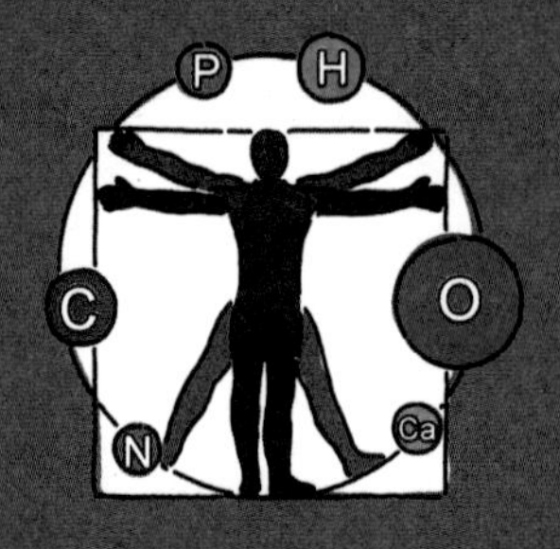

生命到底起源于什么时候？约46亿年前地球诞生，经过数亿年的演化，地表形成了稳定的水，而生命便由此诞生。当然，当时还没有任何的生命体，因此所有的这一切都源自不可操控的自然化学反应。约38～42亿年前，生命出现前的化学反应和变化也已完成，形成了核糖核酸（RNA）的基本单位和具体形态，这可谓是地球诞生之后的最大事件，因为RNA不仅构成了各种微生物的遗传信息，后来还成为传递人类遗传信息的媒介物质。之后，稳定形态的遗传物质——脱氧核糖核酸（DNA）通过RNA指导了蛋白质的合成，便诞生了最早的生命体——原核生物。

在生命起源的所有的过程中，元素又从哪里开始参与其中的呢？当然是从地球诞生的那一刻开始啦。从那个时候开始，各种原子，即元素的基本单位，不停地聚合、分离、粘连、排列，所有的一切才得以发生。从各种元素聚合形成的巨大行星——地球的伊始，到所有奇迹的最终结果——正在阅读本书的我们，都与元素息息相关，让我们一起在本章中寻找这些物质元素组成的奥秘吧！

我们身体的主角

据推测，远古时期地球的大气成分与现在的大不相同，主要由水蒸气（H_2O）、二氧化碳（CO_2）、氨气（NH_3）等构成，无氧气。大气中的二氧化碳就是我们呼吸时呼出气体的主要成分。有一种说法认为，当时地球表面的铁元素含量非常高，导致地表呈现红色，而海洋则因铁生锈呈现出蓝绿色，与现在的样貌截然不同。后来，众多流星撞击地球带来了新元素，古生物通过光合作用产生了氧气，还有其他的各种元素在地球这个“化学汤”中不停地翻滚沸腾直至爆炸，局面才开始改变。又经过数十亿年的演化，才形成了现在我们认识的地球，并最终诞生了人类。

我们从自然界摄取、接触了多种物质，因此人体实际上包含了自然界中几乎所有的元素。不过有些是维持生命所必需的元素，包括碳（C）、氢（H）、氧（O）、氮（N）、磷（P）、钙（Ca）在内的六大元素就是其中的代表，它们约占人体质量的99%。接下来，我们将逐一讲解构成人体有机物的5种非金属元素（C、H、O、N、P）的作用和特性。

大自然的建筑师——碳

翻开元素周期表，从左往右数到第14列，我们可以发现碳（C）位于第四主族（ⅣA族）。正如之前的讲解所说，元素的主族序数意味着原子的最外层电子数，因此碳原子最外层总共有4个电子。碳原子四周的空间让它可以与周围其他原子共用电子，形成众多的“组合”。这种形态的组合，被称为共价键，它们之间的连接非常紧密和稳定，在形成众多物质的过程中发挥了核心的作用。

因此，碳元素就能和其他元素相连形成链状、环状等多种结构的物质，人体的其他构成元素亦可与之相连，并最终形成了我们的身体。此外，碳还在多达数百万种物质的形成过程中发挥了骨架的作用，这些物质包括大部分化学物质及生命体中所含有的物质。研究这一领域的化学分支被称为有机化学。

由于石墨、钻石等含碳元素的物质在自然界中广泛

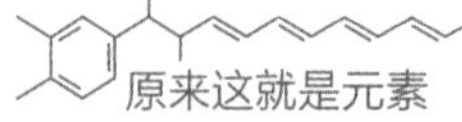

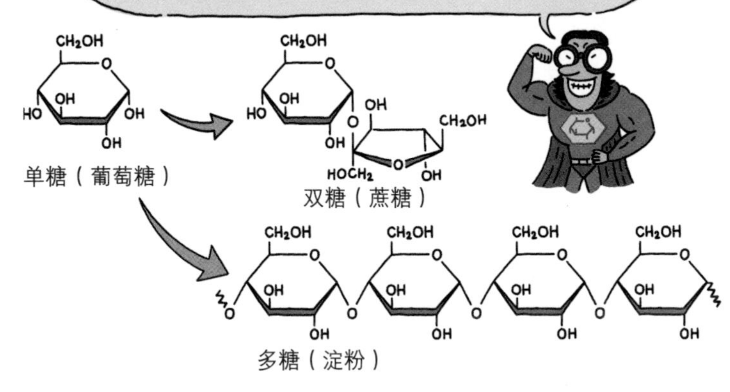

存在，因此无法确认是谁最早发现了碳元素。人们自古以来就广泛使用的煤和木炭也是由碳元素组成的，故国际上用这些燃料的拉丁语“carbonium（煤，木炭）”将碳元素命名为“Carbon”，元素符号为“C”。

生命必不可少的物质——氧

氧（O）是人体中含量最多的元素，组成了占人体重70%的水（H_2O）。同时，它也是生命体呼吸时的必需元素，离开了它，人类活不过几分钟。从化学的角度来看，若氧元素同之前提到的可构成骨架的碳元素相结合，组合而成的物质将赋予它们新的特性和功能。举例来说，只含碳元素的物质（如铅笔芯、木炭等）不溶于水，但碳元素和氧元素结合为二氧化碳后就能溶于水。这种与氧结合的反应，被称为氧化反应。很多元素都可以与氧发生氧化反应。正因为如此，氧元素（Oxygen）在命名时将希腊语中的“genes（生成）”和“oxy（酸）”组合，意为“生成酸的元素”[①]。

氧元素是元素周期表中第六主族（ⅥA族）的元素，最外层电子数为6个。几乎所有的原子在最外层达到特定电子数的时候就会变得非常稳定，正如人们在寻找元素规律时发现了每8个元素存在周期性一样，原子也存在类似的规则，即原子最外层有8个电子时，达到最为稳定的结构。根据这一规则，氧原子倾向于再获得2个电子，最多可组成2个共价键。当然这2个共价键也可以是和1个原子形成1个双键。

---

① 最早发现氧元素的拉瓦锡（Antoine Laurent Lavoisier，1743—1794）当时认为，非金属元素燃烧后通常会变成酸，氧是酸的本质，一切酸中都含有氧元素。而在日语和韩语中，氧元素即为“酸素”。——译者注

多样性的来源——氮和磷

氮元素（N）和磷元素（P）均属于第五主族（VA族）元素，最外层电子数为5个。因此，它们最多可以和其他原子形成3个共价键，氮元素和磷元素既可以延长碳元素形成的碳骨架，也可以就此画上句号。此外，它们还和氧元素一样，具有调节或改善体内有机物特性的优点。

特别是氮元素，它在氨基酸的形成过程中发挥了至关重要的作用，而氨基酸是构成人体蛋白质的基本物质。实际上氮元素在地球上的分布非常广泛，由氮元素组成的氮气大约占了地球上大气的78%。氮气有助于调节空气中的氧气浓度，帮助人体呼吸，防止氧气过多导致中毒，但它却不能维持生命。氮气一开始进入人们视野的时候，被认为是一种可怕的有毒气体，当人们在充满氮气的玻璃瓶内放入小白鼠时，一段时间后却发现小白鼠因无法呼吸而死亡。因此，氮气也被命名为“呼吸阻碍者”。后来人们也了解到小白鼠死亡并不是因为氮气，而是因为玻璃瓶内没有氧气。实际上，氮气是一种稳定的无毒气体，在工业及其他领域有着广泛应用，如氮气可用作焊接金属时的保护气，延长灯泡寿命，用来储存粮食，制作化肥等。此外，氮气由于含量丰富，因此价格比较低廉，经济效率高。

磷是我们体内最重要的物质之一——DNA骨架的必需元素。虽说其他元素也共同参与了整个遗传物质的形成，但磷在我们常见的DNA长链形结构中发挥着重要作用，DNA的长链结构正是通过磷酸和脱氧核糖的交替连接形成的。磷还有一个特性就是会发光，被称为磷光，因此过去在坟场或墓地，人们经常能看到所谓的“鬼火”，其实就是尸体内的磷元素挥发到空气中发光引起的。正是基于此，人们将其命名为“Phosphorus”，意为“光的携带者”。

生命体物质的完成——氢

最近因环保而备受瞩目的氢能汽车，其燃料正是由氢元素组成的氢气（H_2）。氢是宇宙中含量最多的元素，约占整个宇宙的90%，同时也是最早出现的元素。作为最原始、含量最多的元素，氢是所有元素中原子体积最小且质量最轻的。氢在地球上的单质以气体形式存在，即氢气。氢气非常轻，它能摆脱地球引力而逃逸至太空，因此自然状态下氢气非常少见。

氢在元素周期表中位于第一主族，想要形成稳定的结构，最简单的方法就是失去一个电子。因此，它很容易和想要得到电子的其他元素相结合，从而营造出“两情相悦”的稳定环境。正如之前所讲解的那样，构成生命的核心元素不断地和氢结合，直至形成稳定的状态，该状态被称为“饱和”状态，即达到最大限度。换句话说，结合氢的个数的多少决定了物质是否饱和，比如我们在食品中经常会提及的饱和脂肪酸和不饱和脂肪酸。

在碳元素形成的骨架上，氧、氮、磷及其他元素互相结合，赋予了生命的多样性和功能性，除此之外的其他空间由氢元素填充，从而最终达到了物质的稳定状态。氢元素同氧元素一起组成了地球上最重要的物质——水，因此人们用希腊语的“hydro（水）”和“genes（生成）”，将其命名为“Hydrogen”，意为“水的生成者”。

不可或缺的配角

除了前文所说的五大核心元素（C、H、O、N、P）之外，人体内还存在很多维持生命所必需的元素，包括之前提及的钙（Ca），以及钠（Na）、钾（K）、氯（Cl）、硫（S）、锰（Mn）。以上11种元素被称为人体必需元素，它们构成了人体质量的99.85%，剩下的0.15%由其他数十种元素组成，含量非常少（所有加在一起不超过10克）。那么五个主角之外的配角元素在人体中发挥着哪些作用呢？下面让我们一一揭开谜底。

到底叫什么名称——钠和钾

在钠和钾这两个名称的确定和使用方面，从过去到现在一直处于混乱状态。事实上，钠和钾都是在英国化学家汉弗莱·戴维（Humphry Davy，1778—1829）分离制取物质时被发现的，因为它们分别取自含盐植物咸草燃烧后的灰（soda）和用于配制碱性溶液的植物燃烧后的灰（potash），故将它们分别命名为“Sodium”和

“Potassium”。然而，由于当时欧洲的学术界主要以拉丁文为交流语言，所以这两个元素又被改名为“Natrium”和“Kalium”。对并不是化学领域专业人士的人来说，事实上对“Natrium”和“Kalium”更为熟悉。

然而，第二次世界大战之后，以美国为首的以英语为母语的国家重新掌握了世界的主导权，重新确认了两者的正式名称为“Sodium”和“Potassium”。于是便有了名称是“Sodium”和“Potassium”，而元素符号却是Na（Natrium）和K（Kalium）的复杂局面。

钠和钾均属第一主族元素，很容易失去一个电子和其他元素形成溶于水的物质，其中的一部分物质被称为“盐”，比如和氯元素（Cl）形成的氯化钠（NaCl）和氯化钾（KCl），前者就是我们常见的食盐，而后者则是肥料的主要成分。我们人体中的大部分都是水，钠和钾可以调节体液的酸碱平衡，维持正常的新陈代谢。不过两者更为重要的作用就是在传递刺激和信息的神经细胞内外流动，从而产生电位差以实现信号传递。

黄绿色的有毒气体——氯

上文提到的氯化钠和氯化钾中的氯元素位于第七主族（ⅦA族），很容易获得一个电子达到最外层8个电子的稳定结构，从而形成稳定的氯离子（前文已经说过，获得或失去电子的带电粒子被称为离子），它很容易和其他原子或离子结合形成盐，而且它们都具有氧化性。正是基于这种易成盐的特性，第七主族的元素又被称为卤族元素（halogen），来源于希腊语“halo（盐）”和“genes（生成）”。

某些物质参与的化学反应很容易发生，且反应非常迅速，我们就称该物质化学性质活泼，而包括氯元素在内的卤族元素的化学性质普遍较活泼，特别是氯气，它被吸入人体后会形成盐酸（HCl），从而刺激呼吸道黏膜，因此是一种致命的危险物质。正因为如此，氯气最早被分离制取的目的就是用作战场上的化学武器。因其呈淡绿色，故人们将其命名为“Chlorine”，源自希腊语“chloros（淡绿色）”，它看起来似乎很美丽，但实际上是一种非常可怕的元素。不过幸运的是，我们体内的氯元素大都以氯盐（主要是氯化钠）的形式被摄入，因此不会引发危险，它和体内的其他离子共同调节体液的酸碱平衡。

火的本源——硫

早在公元前2000年左右，人们就已经利用硫元素

（S），因此其发现者具体是谁不得而知。在《圣经》等各种典籍中，硫一直被记作“硫磺”（为“硫黄”的旧称）。因其常见于火山地区，再加上易燃的特性，人们将其命名为“Sulfur”，据说源自拉丁语“sulphurium”，意为“火的本源”。硫具有特别的刺激性气味，类似臭鸡蛋或烂菜叶的味道。硫在人体内主要用于形成甲硫氨酸、半胱氨酸等氨基酸，同时硫也是头发和指甲的主要成分，因此头发在燃烧的时候，会产生一种奇怪的味道，这正是硫元素的部分气味。

硫元素同氧元素一样，属于第六主族。硫原子的直径比氧原子的大，两个硫原子结合能够生成一种全新的共价键，即二硫键，而这种共价键的结合是可逆的，只要稍作调整就可以断裂或重新形成。比如烫头发的时候，经药物处理的头发可以变得卷曲或平直，就是人为操控头发中的二硫键，使之断开或重新键合的结果。

人体必需的过渡金属元素——锰

人体必需元素的最后一个就是锰，相对来说，它令人感到陌生。通过对锰的讲解，我们又可以将元素周期表分成好几个不同的部分。首先，我们对目前为止讲解过的元素进行简单整理，就可以发现它们主要集中在特定的几个区域。

第一主族（ⅠA族）（碱金属元素，除H外）-氢、钠、钾

第二主族（ⅡA族）（碱土金属元素）-钙

第四主族（ⅣA族）（碳族元素）-碳

第五主族（ⅤA族）（氮族元素）-氮、磷

第六主族（ⅥA族）（氧族元素）-氧、硫

第七主族（ⅦA族）（卤族元素）-氯

你有没有发现，构成生命体的必需元素集中在元素周期表的两端？我们在提及元素周期表的特点的时候，曾经说过“表中具备相似性质的元素被归为一族”，而这些元素就体现了这一特点。因此，它们被称为典型元素或主族元素。科学家已经对它们做了很多研究，这些元素也被广泛应用于多个领域。

那么，周期表中锰所在的副族（周期表的第3～12

列为副族），以及其他副族又意味着什么呢？为回答这个问题，我们首先要了解“轨道（orbital）”的概念。

每个房间两张床——轨道的真面目

让我们重新回到在原子的构成和化学反应中具有重要作用的物质——电子。之前已经说过，电子是一种带负电荷的粒子。那电子又是以何种形态构成原子的呢？相关的理论有很多，有人认为电子镶嵌在原子内部，像是任意撒在布丁上的葡萄干一样，也有人认为电子围绕着中心的原子核转动，就像太阳系的行星绕着太阳公转一样，但这些理论都因为存在一两个致命的缺陷根本站不住脚。这时候有人提出了一个异想天开的想法：一说起粒子，我们总是会把它想象成一个坚硬的，能够沿一定路径飞行的有形实体（或许这才是问题所在），而事实上，电子有没有可能就像声音或光一样，是一种波呢？又或者兼具二者的特征，具有波粒二象性呢？

根据这一设想，人们经过大量的观察分析之后，发现电子的位置可通过量子力学里的波函数计算出来，其结果则是一种“概率”，比如电子在近处的出现概率是99%，在远处的出现概率是70%。我们将电子出现概率在90%以上的空间区域命名为原子轨道，又可称为轨函。

每个原子的电子个数各不相同，因而原子轨道的种类和个数也会有所区别。原子轨道是电子出现概率高的空间区域，而根据概率划分的空间所能容纳的总电子数是一定的，因为电子无法被无限地堆叠在一处。目前为止，我们总共定义了四种轨道：s（sharp）、p（principal）、d（diffuse）和f（fundamental），分别表示不同形状的轨道，s轨道呈球形，p轨道呈纺锤形，d轨道和f轨道的形状更为复杂。按照上述的排列顺序，轨道结构越往后越复杂，s轨道只有1个轨道，p轨道有3个轨道，d轨道有5个轨道，f轨道有7个轨道。为了方便理解，我们可以看成这些轨道分别拥有1、3、5、7个房间，而每个房间都有两张床，每张床只能容纳1个电子，这样，s、p、d、f轨道中分别最多可容纳2、6、10、14个电子。

好了，让我们回到元素周期表。每个周期都包含不同个数的族，根据不同的周期，四种轨道的分布也不原子轨道根据能量、角动量、方位的不同呈现出不同的形态。这些形态是根据薛定谔方程计算得出的结果，所有的原子都有这样的轨道。

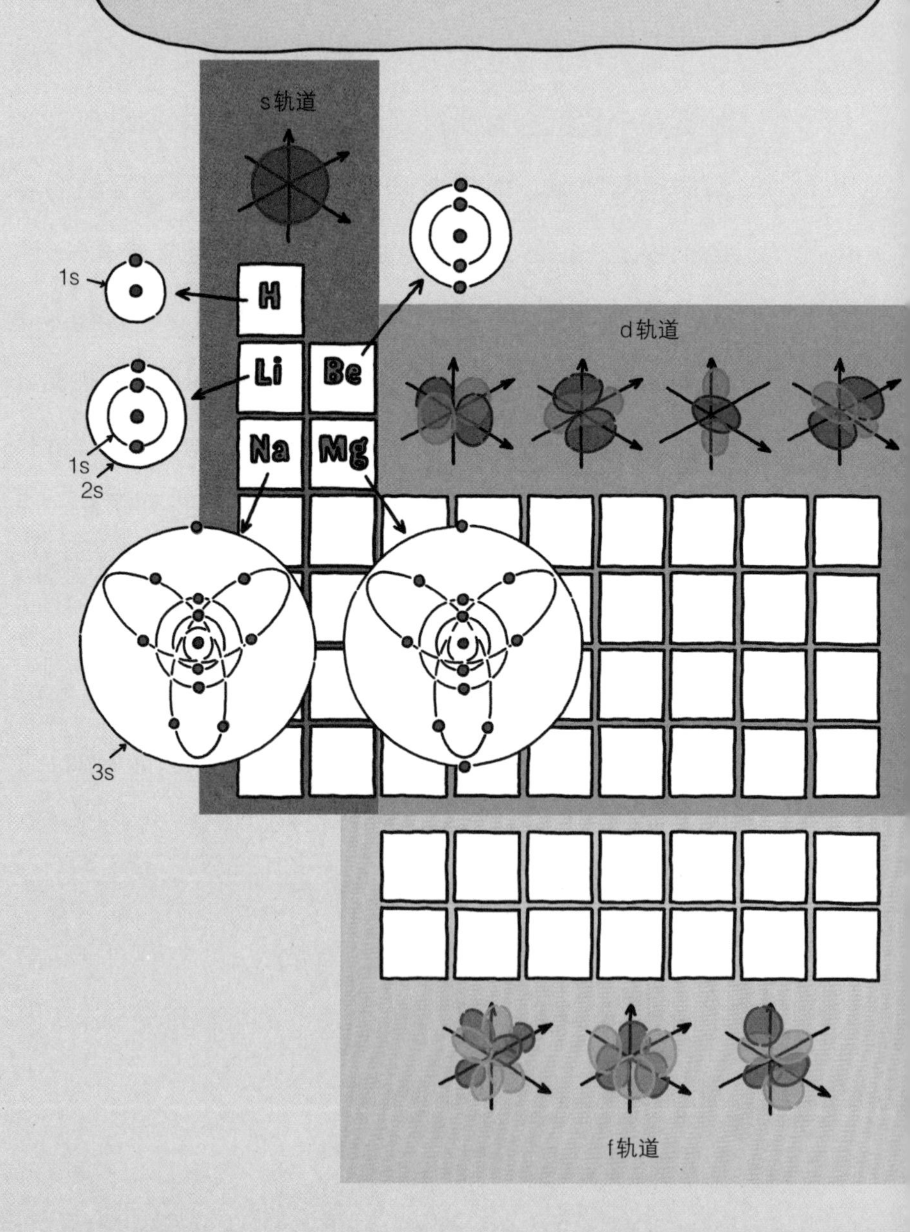

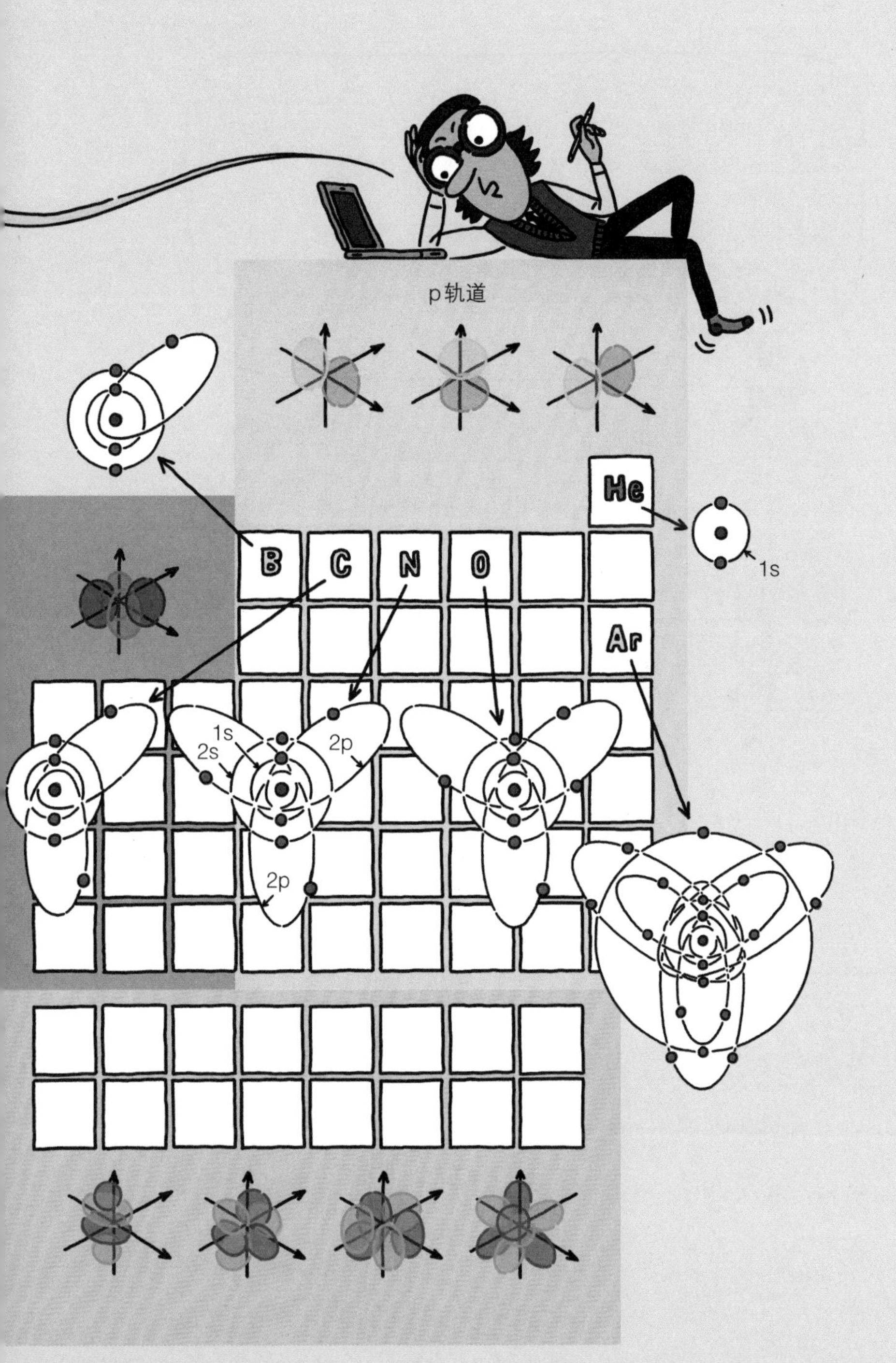
p轨道
He
1s
B
C
N
O
Ar
1s
2s
2p
2p

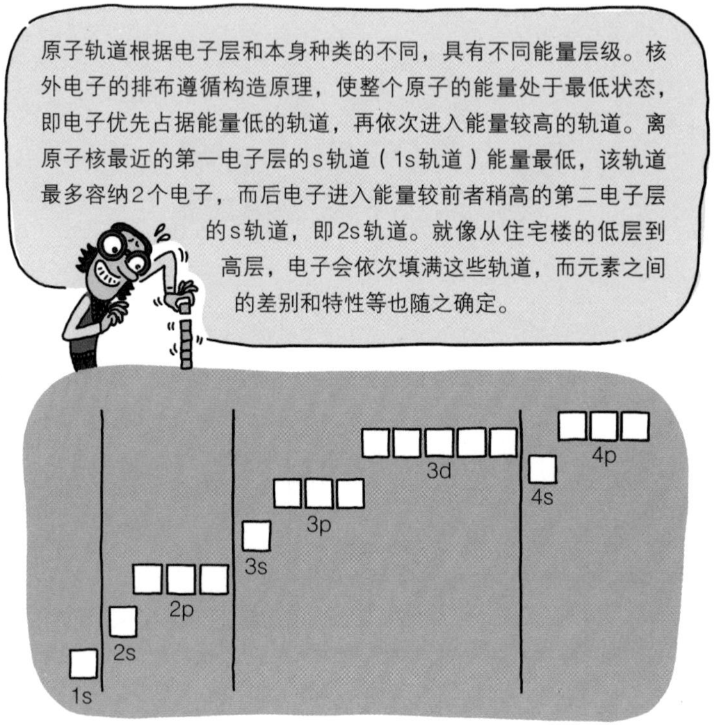

原子轨道根据电子层和本身种类的不同，具有不同能量层级。核外电子的排布遵循构造原理，使整个原子的能量处于最低状态，即电子优先占据能量低的轨道，再依次进入能量较高的轨道。离原子核最近的第一电子层的s轨道（1s轨道）能量最低，该轨道最多容纳2个电子，而后电子进入能量较前者稍高的第二电子层的s轨道，即2s轨道。就像从住宅楼的低层到高层，电子会依次填满这些轨道，而元素之间的差别和特性等也随之确定。

1s 2s 2p 3s 3p 3d 4s 4p

相同。第一周期只有s轨道，而第二周期有s轨道和p轨道，到了第三周期就有了s、p、d轨道，最后从第四周期开始，s、p、d、f四种轨道全部存在。但是，实际上每个原子轨道上的电子排布并非依次填充，而是有着独特的顺序，具体可见上图。

元素周期表中最左侧的两列即第一主族和第二主族是s轨道发挥核心作用的区域，称为s区。它们的最外层电子数即为族序数，有1个电子的即为第一主族，有2个电子的即为第二主族，因此我们很容易就知晓它们的最外层电子数。p轨道最多容纳6个电子，主要作用于第三主族至第七主族以及零族，我们称这片区域为p区。而d轨道作用于副族和第八族（Ⅷ族）的过渡金属元素，最多可容纳10个电子，包含了d区和ds区。最后，f轨道作用于周期表下方单独横向列表的镧系和锕系元素，我们称这片区域为f区。它们之所以单独列表，单纯是因为一直横向写下去，整个元素周期表会过于冗长，不便于使用。电子较少的主族元素可以明显地表现出因电子个数而异的特性，而与之相较，电子较多的过渡金属元素很多情况下并不能体现出同族的相似性及族间的差异性。

位于d区的锰元素是体内多种酶的组成成分，同时也是帮助酶在体内发挥作用，维持生命反应的必需元素。除此之外，血液中运输氧气的血红蛋白的组成成分——铁（Fe），酶中的锌（Zn）和铜（Cu）等其他过渡金属元素，这些元素虽然含量很少，但也是维持生命的必不可缺的重要元素，正日益受到人们的关注。

想成为何种离子?

在了解构成人体的诸多元素的过程中，我们也分享了第一主族至第七主族以及零族，共8个族的元素。而8这一数字也是由原子轨道决定的，由于每个房间最多容纳2个电子，因此只有1个房间的s轨道最多容纳2个电子，有3个房间的p轨道最多能容纳6个电子。这种s轨道和p轨道在最外电子层发挥作用的元素即是主族元素，汉弗莱·戴维发现的第一主族和第二主族元素即属于此类。

主族元素非常重视数字8，会努力向8靠拢。当s轨道和p轨道的房间被电子填满，原子便会达到最为稳定的状态。（其实这部分应该通过量子力学而非化学进行解释）为此，受到s轨道和p轨道支配的各个主族元素的原子必须做出一个选择，比如说，之前提到的钠（Na）、钾（K）等第一主族的碱金属元素的原子最外层只有一个电子（族序数即最外层电子数），为了最外层达到8个电子，要么失去自己的1个电子，要么获得

7个其他的电子。而常识告诉我们，失去1个要远比获得7个简单。因此，这些第一主族元素倾向于失去一个电子，而分别形成钠离子（Na^{+}）和钾离子（K^{+}）等一价阳离子。第二主族的碱土金属元素也会做出相似的选择，骨骼的主要成分钙（Ca），以及同族的镁（Mg）等元素相较于获得6个电子，更容易失去2个电子，从而形成钙离子（Ca^{2+}）和镁离子（Mg^{2+}）等二价阳离子。

而位于最右端的零族元素，它们的最外层电子数为8，既不需要抢夺其他的电子，也不用丢弃原有的电子。因此，这些元素非常稳定，不会轻易形成离子，和其他物质也很难发生反应，故零族元素又被称为惰性元素。相反，最外层电子数达不到8个的氟（F）和氯（Cl）所在的第七主族相较于失去7个电子，更容易获得1个电子，从而形成一价阴离子。它们和之前提过的第一主族和第二主族阳离子相遇的话，便可以互补，双方皆大欢喜。因此，第七主族元素与其他元素相遇，会通过阴阳离子的结合生成稳定的化合物，这些化合物就是之前说过的“盐”。盐在希腊语中为“halo”，还记得前面说过，第七主族元素又被称为卤族元素（halogen），就是源自“halo（盐）”和“genes（生成）”的组合吗？同样的，氧（O）、硫（S）等第六主族元素会吸纳2个电子，而形成二价阴离子。

而剩余的第三主族至第五主族的元素并不会明显地偏向某一方，所以既有可能得到电子，也有可能失去电子，它们会做何种选择得视情况而定，如果对方元素更倾向于形成阳离子，那么它就会接纳对方的电子形成阴离子并生成化合物；反之，如果对方元素更倾向于形成阴离子，那么它就会拿出自己的电子形成阳离子并生成化合物。这种获得和失去电子的性质除了形成离子之外，还在化学反应的过程中发挥重要作用，同时也是后来很多化学家发现众多新元素的核心所在。

在本章中，我们讲解了地球的诞生和组成人体的必需元素。这些元素我们都大致听说过，有趣的是，这寥寥几种元素都在坚守自己的岗位，发挥自己的作用，小到动植物的细胞，大到整个生命体，它们在其中完成了一系列建构、运动、思考等复杂过程。约为一根头发丝百万分之一大小的碳原子组成的碳元素构成了我们的骨架，氧、氮、磷、硫、氢元素在设定的位置结合形成小碎片，然后这些小碎片结合生成更大一些的结构。我们一些不起眼的动作背后是人体神奇的运行机制，如同施魔法一般，钠离子和钾离子在周围到处繁忙地移动来传递信号，从而可以让身体按照我们的意志活动。想一想所有的一切，会不会自然而然地觉得自己就是一个巨大的奇迹？所以，我们要相信自己拥有无限的可能性，任何事情都可以做到。

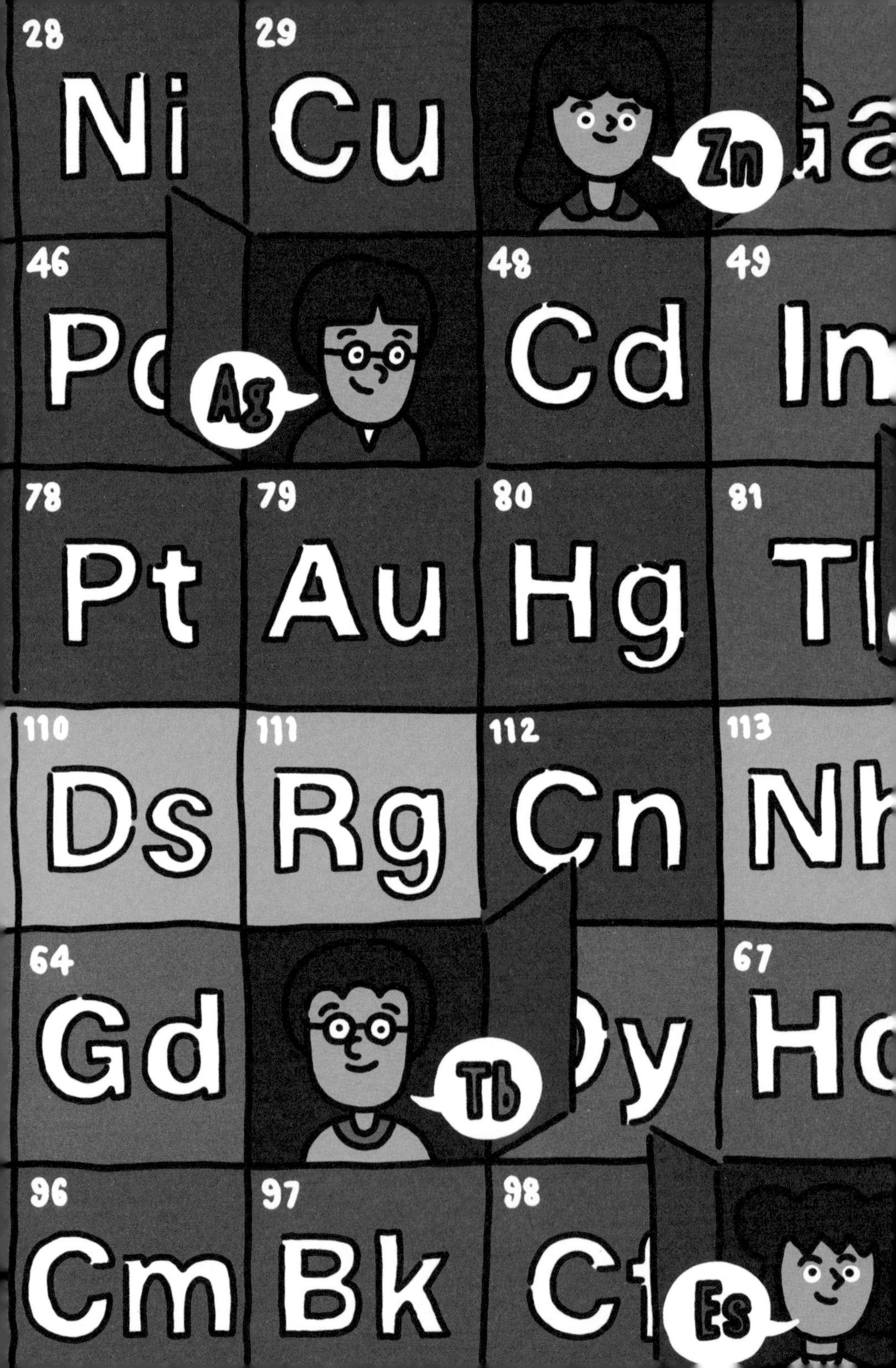

28
Ni
29
Cu
Zn
46
Ag
48
Cd
49
In
78
Pt
79
Au
80
Hg
81
110
Ds
111
Rg
112
Cn
113
64
Gd
Tb
67
96
Cm
97
Bk
98
Es

32
Ge
33
As
34
Se
35
Br
50
Sn
3
53
I
85
元素
At
人类文明史
上的里程碑
14
Fl
117
Ts
68
Er
Tm
70
Yb
71
Lu
100
Fm
101
Md
102
No
Lr

我们在学习人类文明发展史的时候，第一部分的内容通常是现代人类的诞生。南方古猿（Australopithecus）一般被认为是现代人类的祖先，它们已经具备了直立行走的技能，也会简单地使用一些树枝、石头等自然工具。你可能感到疑惑，我们怎么突然说起进化论了？的确，本书讲解的是元素，没有必要站在进化论的观点上去细究人类历史。可是，你难道不好奇化学起源于人类历史的哪一阶段，又是如何改变人类历史的吗？人类当然不会像是在实验室里做实验一样，针对“化学”这一预设的术语进行研究和利用，而是会像前面我们讲述过的元素的发现和命名那样，不断发现由不知名的元素组成的新物质，并根据需要加以变换改造，以此在残酷的大自然中延续人类的种群。

因此，了解化学在人类延续中的作用，就是寻找“现在的我们如何得以存在”的答案。在本章中，我们将共同探究我们的祖先与化学交流碰撞过程中的有趣故事。

化学的开端即是人类的开端

化学到底是什么？它的开端在哪里？对于这个看似简单的问题，人们却很难说出让人信服的答案。化学，顾名思义，就是研究事物变化的学问。化学这一学问想要成立，首先得有“对象”，而我们现在所学的元素就是这些“对象”之一，因为元素是构成世界的基本要素，所以对化学的研究离不开元素。纵观人类的历史，你就会发现人类总是在不停地分割、合并由元素和原子构成的某些物质，通过交换或分解等多种变化手段制备新物质，并分析、利用这些性质各不相同的新物质。那么，人类通过最简单的方式来引起物质变化的瞬间就是化学的开端。

人类最早发现能够引起物质变化的方式就是燃烧，更加日常和通俗的说法就是“（树木）着火啦”，因此，燃烧被认为是最早的化学反应，它是指物质和氧气结合，向周围释放大量光和热的现象。原始人类对物质的本质认知还停留在坚硬或柔软，锐利或钝涩等阶段，因

此偶然遇到意外产生的燃烧情形的时候，所采取的保护或转移火种的行为，便可称得上是人类和化学的“第一次亲密接触”。那么，会使用工具和火的人又被称为什么呢？没错，就是直立人（Homo erectus）。他们开始直立行走，会制作工具和使用火，证明了人类和其他动物的不同。如果说在直立人出现之前，人类祖先只会简单直接地使用自然界的各种材料，那么直立人出现之后，人类就学会了利用火来烹煮食物，并制造出一些新的东西。除了在历史课上，还能在化学课上遇到自己的祖先，是不是觉得很神奇？

学会利用工具和火来进行简单的采集和狩猎活动后，人类祖先继续向前发展，进入了农耕和畜牧的新石器时代。这个时期形成的诸多文明中就有我们所熟知的世界四大文明，即公元前4000～公元前3000年左右，以大型江河流域为中心发展起来的最早人类文明。包括以尼罗河流域为中心的古埃及文明，以底格里斯河和幼发拉底河流域为中心的美索不达米亚文明，以印度河流域为中心的印度河流域文明，以及以黄河流域为中心的中华文明。

提起世界四大文明出现的共同原因，人们通常都会说“大型江河附近水资源丰富，利于农业灌溉”“位于北半球的温带，气候宜人且交通便利”“土地肥沃，粮食充足”等。然而，除此之外，就没有其他原因了吗？地球上有那么多的河流，当时的人类应该都会各自占据取水容易、土地肥沃的江河流域繁衍生息，难道单纯就是因为江河流域规模大，才得以发展成为四大文明的吗？这里我们都忽略了一个事实，那就是——世界四大文明之所以会在人类历史这本书上留下一笔，并不是因为这些文明非常发达，抑或规模宏大，而是因为这些文明留下了众多的遗产和资料。

在文明层面，青铜器的使用，文字记录的留存，城市国家的形成，以及在社会、文化、宗教层面上的各种遗产，所有的这些都离不开便于利用和保存的新物质。也就是说，站在化学和元素的角度来看，世界四大文明的诞生地存在多种全新的元素。那么，人们又是如何利用这些新元素和各种元素组成的新物质去创造文明的呢？是不是想想就觉得很有意思？

金属文明的胎动——青铜器时代

旧石器和新石器时代之后，人类迎来了首次使用金属的时刻，那便是短暂的铜器时代（Copper age）。由于它并没有被丹麦考古学家汤姆森（Christian Jürgensen

Thomsen，1788—1865）列入其提出的史前时期三时代（石器时代、青铜器时代、铁器时代）体系范围内，因此很多时候并不受重视，但从这一时期开始，我们就可以回答“人类最早自主使用的金属是什么”的问题，答案就是铜（Cu）。铜是众多金属中相对容易利用的一种，当时人类的技术条件还达不到足以熔化铁等金属的温度（铁的熔点是1 538℃），因此只有那些埋藏在地下且纯度较高的，或是低温就能提取的元素才能为人所用。

铜的熔点相对较低（1 084.6℃），易于延展塑形，成为石器时代之后备受欢迎的一种新物质，但由于铜的质地比较软，无法替代更容易获取和保管的石器，在整个社会的使用范围也没有石器广泛，因此无法成为一个时代的代表性金属元素。这里顺便提一句，铜的命名源自地中海地区著名的产铜地——塞浦路斯（拉丁名为Cuprum）。正是基于此，铜的元素符号是Cu，而非Co（铜的英语名为Copper）。还有一个有趣的事实就是，与同属第一副族（ⅠB族）的金（Au）和银（Ag）相比，铜的价格十分低廉，以至于后来广泛用于铸币。再加上后来的金币、银币，这些第一副族的元素也因此被称为“货币金属”。

人类真正意义上进入金属文明是在能够利用青铜的时期，这一时期也被称为青铜器时代。青铜是指铜和锡（Sn）的合金，铜在当时已经能够冶炼，而锡是一种新元素，它比铜更难获得。铜和锡都因质软而很难用于实际生活中，而两者的合金——青铜却能够达到一定的强度，尽管碰到高质量的石制兵器也会弯折和破裂而变得难以使用，但其在加热熔化后可以重新复原，因此可以完美地替代石器。

后来随着合金冶炼技术的发展，青铜的强度甚至超过了铁。这样，兵器得以大量生产，成为局部地区部族之间的冲突演化为“战争”的契机。

锡的占有比成为衡量文明实力的重要因素，随之带来了欧洲—地中海、中东—亚洲之间日益活跃的锡贸

Cu
Cu
Sn
Sn
Sn
Cu
知道吗？青铜坚硬的秘密
就在于铜和锡的混合。

易，加深了彼此之间的交流。这也算得上是雄踞交通便利之地的世界四大文明得以繁荣发达的原因之一。

这个时代还发生了一件有意思的事件。文明随着集体农耕生活的扩大而日益庞大，这就必然需要一个领导者，而对超自然现象的敬畏心造就了宗教信仰中的“神”，因此便出现了祭祀的行为，中国已出土的商周时期的青铜铃等物品就被认为是祭祀用品。此外，还形成了掌管祭祀的祭司长这一阶级，同时，青铜用作有权者自我彰显的装饰品，并开始成为奢侈文化的起源。所有的这一切都是人类将铜和锡两种元素组合发明了青铜，即发现了元素的化学应用所带来的结果。这种互相之间的有机联系称得上意义非凡。

生产力的跨越——铁器时代

铁（Fe）在现代社会中随处可见。毫无疑问，它是一种在我们生活各个领域都非常有用的金属元素。有人说，铁的发现改变了战争的样态，促成了犁耕式农业发展，影响了所有文明的走向，但事实上这有点言过其实。

人类在青铜器时代就已经部分使用铁器，但大部分都是利用陨石（通过大气层的时候，已经完成提炼）制成的陨铁，非常珍贵而稀少，并非现在通过加热铁矿石提炼得到的普通铁。铁器时代之所以在青铜器时代之后，正是因为这种技术上的原因。有人可能会误以为地壳中铁的含量要少于铜和锡，但事实上地壳中铁元素的含量十分丰富，但由于其熔点要比铜高约450℃，因此，其无法仅靠野火或灶火进行提炼，铁器发展也随之滞后。最后，尽管人们成功提炼出了铁元素，但正如青铜器时代初期的青铜无法与石器相比而用处非常有限一样，铁器也同样比不上发达的青铜器而根本无法使用，青铜器发生弯折和断裂尚能修补，而铁器由于提炼技术的限制，一旦断裂就无法修复。不过，这一问题后来得到了解决，还记得构建人体内骨架的碳元素吗？人们发现，铁中混入碳之后冶炼而成的碳素钢，其强度得到大幅度提升，从此以后，各种实用的武器、生活用品、农具的制造才成为可能。

再来告诉大家一个秘密，我们平常做饭用的炊具也是到了铁器时代才普及的。青铜器皿受热不稳定，无法用来烹煮米饭。经历万般险阻并最终走进我们日常生活的铁器不仅让我们的生活更加美好，同时也是促进文明加速发展的助推器。现在我们身边的汽车、建筑、生活用品等也随处可见铁的身影，它是整个工业体系的粮食，也是人类社会的核心构成元素。

至此，我们将三时代体系即石器时代、青铜器时代、铁器时代中的核心元素逐一进行了说明。大部分的文明都是基于该脉络发展而来，当然由于锡元素的分布地区非常有限，有些地区的文明略过了青铜器时代，直接从石器时代进入了铁器时代，比如中非地区，也就是说，某种元素在当地的储量是该地区文明发展的速度和上限的重要决定因素。

黄金——站在欲望和阶级的顶点

你有没有听过一种说法，要想了解某一个时代就必须了解当时的语言和文字？下面我们通过中华文明来讲述文字和文明，以及其他相关的故事。

首先从金开始，即贵金属之一的黄金。《说文解字》中指出:“金，五色金也。”这是说金分为白金、青金、赤金、黑金和黄金，分别对应银、铅、铜、铁、金这五种金属，可见“金”具有多种含义，具体含义因时代而异，从中我们也可以推测出当时文明所处的阶段及社会最看重什么。

在中国历史早期朝代之一的商朝，金自然代表的是青铜，之后进入铁器时代，金的含义也随之转变成为“铁”。那么现在呢？一看到“金”这个字，就算不说“黄金”，恐怕我们也会自然而然地联想到黄金而非铁。从青铜器时代开始，人类社会逐渐演变成为阶级社会，私人财产出现，阶层开始分化，这也大大刺激了个人欲望和竞争意识。之前所说的祭司长或是拥有很多财产的人，为了显示自己地位的与众不同，就希望有特别的东西来打扮装饰自己，这也催生了所谓的奢侈文化。正如在青铜器时代早期，青铜因实用性不足而被用作祭祀用品和装饰品一样，稀缺、特殊且实用性低的金属，非常适合用来显摆，或凸显自己身份的尊贵，而金、银天然的属性就是这方面最完美的元素。特别是金，不仅自带罕见的金黄色，而且化学性质非常稳定，就算长期暴露在空气中也不会失去光泽，对上层人士具有致命的吸引力。这一抹绚丽璀璨的金黄色，自古以来就被认为是太阳的象征，在神话、王权、宗教等领域都是高贵的代名词。金的元素符号为“Au”，源自拉丁语“aurum”，在很多语言中都意为“闪亮的黎明”，其所代表的地位不言而喻。

人类行为的动机可以有很多种，而物质奖励是其中最为简单和有效的方法。特别是文明兴起，人口聚集形成了阶级之后，统治阶层都急切地想要靠着这份特殊让自己更高人一等。同时，在大多数的文明中，黄金是最具代表性的遗产，如古埃及的图坦卡蒙黄金面具、传说中“失落的黄金之城”埃尔多拉多、沉没的大西岛（亚特兰蒂斯），这些实际存在或传说中的文明之所以还让人念念不忘就是因为自带黄金这一“流量”。资本主义制度建立之后，黄金的价值更是一路狂奔，探险家、宝藏船、美国西进运动时期的淘金热，无论是在电影、小说还是现实中，黄金俨然成为人类欲望的最佳宣泄口。这之后，黄金在社会层面的价值就是用作以国家为单位发行的货币，如金银币等。而在现代社会，黄金依然非常重要，除了用作装饰品和储备资产之外，黄金的实用价值还在不断升高，因为延展性强，它可以做得非常薄，用很少的量就可以覆盖任意表面。因其出色的导电性和

耐氧化性，黄金还被用于集成电路制造中。此外，它还广泛地应用于手机、电脑、平板电脑等现代社会必需电子产品的制造中。

铅——历史兴衰的见证者

除了按照使用的元素进行的时代分类之外，各国历史上还有很多具有里程碑意义的时代经常出现在各种历史小说或故事中。其中最典型的代表就是罗马帝国时代和蒙古帝国时代，罗马帝国一统欧洲，创造了文化的全盛时代，而蒙古帝国统治了人类史上最宽广的疆域。特别是罗马帝国，它国力强大，文化繁荣，曾经盛极一时，如果将罗马王政时代和罗马共和国时期一并计入，它统治了欧洲2 200多年。关于罗马帝国的兴起和灭亡有很多有意思的故事，让我们从一个元素出发，来一窥罗马帝国的全貌。

这个元素就是铅，元素符号为“Pb”，与其英文名“Lead”毫无联系。近代新发现的元素，大都用发现者的姓名、城市名、国家名命名，而自古就使用的元素符号主要来源于希腊语、拉丁语或各文明的古语。铅的元素符号“Pb”属于后者，来源于拉丁语“plumbum”。

乍一看，是否会联想起某个和它很像的英文单词？对，就是与管道有关的“plumb”和管道工“plumber”。管道是用于输送气体或液体等流体的通道，铅源自拉丁语的发祥地——罗马久负盛名的供水管道。史称凯撒大帝的尤利乌斯·凯撒（Gaius Julius Caesar，公元前100—公元前44）是罗马帝国最有名的军事家和政治家，也是整个帝国的奠基人，他的继任者屋大维（奥古斯都）为巩固自己的统治，积极兴建了大量供平民使用的供水设施，包括实用主义建筑的代表——古罗马水道桥、公共浴室等。尽管到现在，水道桥作为一项伟大的工程也依然被视为古罗马的象征，但它使用铅制造供水、排水管道这一点却一直为人诟病。铅质地柔软，而且像铜一样易于从地壳中获取，是一种非常容易制取和利用的金属元素，因而被用于管道制造。不过，铅也是一种重金属，进入人体后不易排出，会在骨骼中富集并引起铅中毒。此外，罗马人非常喜欢把葡萄酒放入铅制器皿中烹煮，或将葡萄酒保存在铅制器皿中，因为这样会生成一种甜味物质，但其实这会导致铅中毒的问题更加严重。

诚然，我们也不能说铅这一元素是导致罗马帝国灭亡的罪魁祸首，但它让众多的贵族、平民和奴隶经受身体上的痛苦也是不争的事实，我们至少可以说它引起了文明的衰落。直到现在，铅依然是日常生活中我们需要倍加小心的元素。出于防范铅中毒的考虑，许多国家规定油漆、涂料、汽油等产品在生产过程中必须做到“无铅化”。

硅——向着半导体时代前进

铁等金属的合金使原子之间的排列和组合发生改

变，从而具备了诸多意想不到的特性，让现代生活更加便利。从前面讲过的青铜（铜和锡的合金），钢铁（铁和碳的合金），到制作厨房用品的不锈钢（铁、铬、钼、镍等元素的合金），航空器的核心材料硬铝合金（铝、铜、镁、锰、钨等元素的合金，又称杜拉铝），金属合金的功能性不断增加，应用面不断扩大。

现代社会对新元素的利用急剧增加，因此又开始出现了其他形式的时代分类方法，比如半导体时代。这个名称与什么元素有关呢？

其实这一名称源自硅（Si）这一元素。在元素周期表中，根据元素的不同特性，元素又可以被分为不同种类，例如根据物体导电性即物体传导电流的能力来分，其中那些易于传导电流的物体被称为导体，代表元素有金属元素，如用作电线的铜，前面说到的用于电子产品集成电路制造的黄金，以及铁等金属都是优良的导体。相应地，还有不易于传导电流的物体，它们被称为绝缘体，主要就是那些非金属元素（如氧、硫、磷、氢等）组成的物质。

然而，除了导体和绝缘体这两种处于导电性的两个极端状态的物体之外，那些处在中间状态的物体又被称为什么呢？答案很简单。介于金属和非金属的元素，被称为半金属元素，或准金属元素；介于导体和绝缘体之间的物体称为半导体。半导体的导电性可以人为进行调节，因而它是制造电子产品的最重要原料。

具备半导体特性的代表性准金属元素有七种，包括第三主族的硼（B），第四主族的硅（Si）和锗（Ge），第五主族的砷（As）和锑（Sb），以及第六主族的碲（Te）和钋（Po）。目前在电子制造方面应用最广泛的元素是硅，因为它具备其他元素所不具备的优点，即地表储量丰富且价格低廉，我们在路边随地抓起一把泥沙，里面就含有非常多的硅元素。没错，硅主要分布在地表的岩石、砂砾、尘土中。如果没有硅，发展更高阶段的现代社会文明只能是一句空话。举例来说，美国就有一个顶尖电子科技企业云集的高新技术区，名叫“Silicon Valley”（硅谷），而英文的“Silicon”，就是化学元素硅。正如我们会把能够代表某一时代的标志性工具的所用元素，如石头、青铜、铁等用来命名这一时代一样，有人会用砂石中获取的硅，即现代文明社会的标志性工具——电子产品的原料，来将现在所处的时代命名为“半导体时代”。是不是很有意思?

关于硅，还有一个有意思的故事。硅和碳一样同属第四主族元素，因此其最外层有4个电子可以和其他元素结合。也就是说，硅和碳类似，也可以构成生命体的骨架。地球中的碳分布非常广泛，包括空气中的二氧化碳和各种食物，因此几乎所有的生命体都或多或少地含有碳。那么，扎根在地里的植物呢?原来，植物可以通过吸收地壳中的硅，促进自体的防御和生长。有些禾本科植物的叶子质地坚硬，容易戳破手指，就是由于细胞中含有硅质；在吸收硅元素的同时，植物体内常常会形成一种

二氧化硅结构，叫作“植物岩”。根据这一事实，美国国家航空航天局（NASA）以及很多其他的专家认为，宇宙外太空可能存在以硅元素为骨架的硅基生命，而他们也在不断地探索宇宙以验证这种可能性。

针对元素，我们以所在的地球环境为主进行了很多研究，而在与地球环境完全不同的外太空或其他星球上，又会出现什么现象呢？元素的可能性会比我们想象的更多，也会出现更有趣的现象。让我们一起继续去探究文明、科学和元素之间的神秘关系吧。

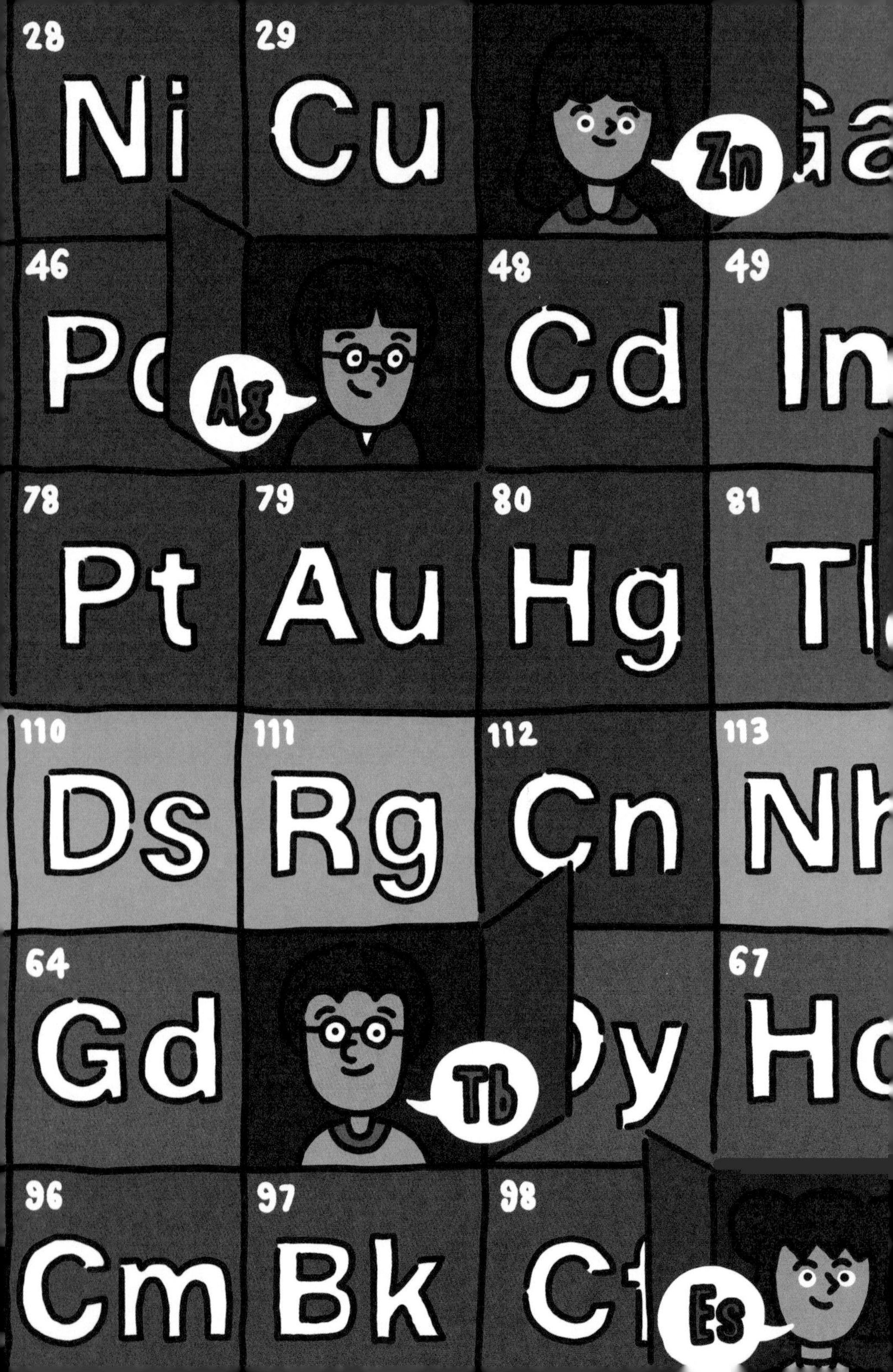
28
Ni
29
Cu
Zn
46
Ag
48
Cd
49
In
78
Pt
79
Au
80
Hg
81
110
Ds
111
Rg
112
Cn
113
64
Gd
Tb
67
96
Cm
97
Bk
98
Es

32 Ge
33 As
34 Se
35 Br
50 Sn
4
53 I
炼金术
当代化学的雏形
85 At
14 Fl
117 Ts
68 Er
Tm
70 Yb
71 Lu
100 Fm
101 Md
102 No
Lr

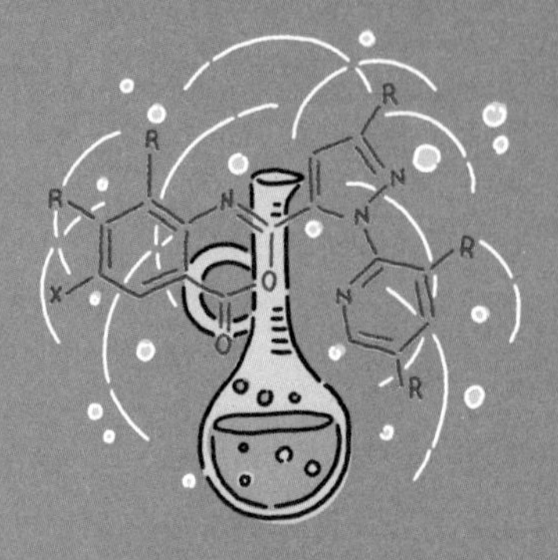

前面我们已经说过燃烧被认为是人类最早发现的化学反应，人类利用这一反应可以寻找各种隐藏的元素并制作新物品，以发展文明。正如铜和铁的熔点差距造成了文明的发展差距，新元素以及相关化学反应的发现可能会成为时代的转折点。也正如文明和当时社会所用元素的种类是划分各个时代的依据，作为科学飞速发展，为现代化学奠定基础的时代，中世纪也有代表其文明和科学的标志，这个标志就是炼金术，即“炼制黄金的技术”，而那些孜孜不倦地探索其中奥秘的学者也被称为炼金术士。

炼金术和炼金术士，你可能在电影、小说、童话等众多题材中都接触过。但一提到炼金术士，大部分人都会联想到童话中总是做出一些不可思议的神秘事情的魔法师，或是执拗于不可能的傻瓜，以及总想着“点石成金”的愚蠢且贪心的人。他们真的是这样的吗？我们讲元素，总是避不开炼金术和炼金术士，那么他们真的是完全不科学的吗？他们的出现只是在某一时代突然发生的吗？下面，就让我们一起来一一揭晓答案。

人类的行为动机除了物质因素之外，还应该加上兴趣、爱好、好奇心等情感因素。纵观人类发展史，尽管大部分的时间人类的生存和发展主要取决于元素的使用，但这一脉络在进入铁器时代后遇到了瓶颈，因为无法找到比铁更加有用、便利和优秀的金属元素了。然而，为了制造出更出色的东西，人们在无数的试验中又发现了已知元素的很多新特性，而出于好奇心对其中的本质进行的探究和分析正是现代化学诞生的基石。当时的实验及研究方法和现在相差无几，可以说非常的科学，且具有创新性。我们现在所熟知的烧杯、烧瓶等化学实验用具都是那时候发明的。

从古希腊的四元素说，到各个古代文明在发展过程中发现的元素，除了各时代风靡的元素之外，还有两种元素引起了众多学者的好奇心。其中之一就是之前提过的人体组成元素——硫（S）。硫也称为硫黄，常见于火山地区。其特有的难闻气味，再加上它分布在炙热的火山地区，因此《圣经》等古代典籍中经常会用“硫磺火湖”来描写地狱。硫还有一个特性，就是其在固态时呈黄色矿石形态，温度上升后会变成红色的流体。如果温度继续上升，硫会剧烈燃烧并发出淡蓝色的光，这在当时的人眼里，是一种非常神奇，或者说非常可怕的现象。

另一种引起科学家好奇心的元素你可能想象不到，那就是汞（Hg），即水银。它可从辰砂，一种具有水晶般结晶状态的红色矿石中反应制取。关于汞，我们知道它是常温（一般为25℃左右）状态下唯一呈液态的金属元素。汞的制取过程对于当时的学者来说简直就是天方夜谭，明明是一块红色的石头，加热后竟然会流出银白色的金属？!

东西方作为两个独立的文化圈，在彼此没有交流的情况下，各自都发现了硫和汞，对其展开了各种研究，并认识到它们是充满“变化”的物质，这与之前大家了解的金属、石块、气体等物质的物理特性完全不同。与硫和汞相关的研究涵盖了很多领域，甚至包括我们现代人难以想象和接受的用途，比如用作药物来给人治病。

这两种元素在人类文明发展的过程中也起到了重要作用。在当时，硫要比单一的树木或煤等燃料更容易燃烧，将它与木炭、硝酸钾混合在一起后，可用于制造人类最早的炸药——黑火药。火药的出现，引发了战争形态的剧烈变动，即从刀、枪、弓、箭等冷兵器过渡到以火枪、大炮等火器为代表的热兵器，这在人类史上留下了浓重的一笔。

至于汞，人们研究它的动力在于它刺激了人类更底层的欲望。在东方，有一个人最能说明这一点，那就是历史上首次统一中国的秦始皇。关于这个千古一帝一生都在追求长生不老的故事，相信你肯定也不会陌生。为了长生不老，他用尽各种方法，而最让他心心念念的还是汞。不仅因为从矿石中提取汞的过程在当时看来非常神奇，还在于这种液态重金属能够让人产生眩晕的感觉。然而，这种眩晕感恰恰就是体内重金属累积和汞中毒引起的。现在我们已然知道，铅、汞等重金属对人体非常有害，但在过去，很多东方国家对此认知不足，甚至还用辰砂入药。汞被人体皮肤吸收后，会造成肌肉失去弹性，皱纹被抚平，还会阻碍皮肤内毛细血管的血液循环，让皮肤看起来苍白无血色。如果不解其中缘由，仅从表面上来看，将皱纹消失和脸色变白误以为是“变年轻”了，倒也并不奇怪。总之，汞引起的人体皮肤的变化让秦始皇龙颜大悦，于是他对方士许以重金，让他们制造更多新的、有效的长生不老药。最终，秦始皇因汞中毒而暴毙，在他之后也有很多皇帝追随模仿，最终也都中毒身亡，但正是这种最高统治者对物质研究的支持促进了化学（当时称为炼金术）的快速发展。

同硫一样，汞在西方也有相似的事例，那便是英国的伊丽莎白一世女王的故事。伊丽莎白一世小时候出过水痘，脸上有很多疤痕，为了同周边强国展开政治外交活动，作为女性统治者须展现出强硬的形象，于是她就在脸上涂抹铅和水银制成的化妆品。最终，她也因为健康状况恶化而离开人世。

在最早的元素说提出之后，长达数千年的时间内，各种有用的金属元素被一一发现，人类历史也随之徐徐拉开帷幕，而硫和汞的发现让历史的长河变得波澜起伏。四元素说中加入了铅、硫、汞等元素，发展成为七元素说，科学的研究范围也随之扩大。最为重要的是，硫和汞这两种元素呈现出了状态的变化（从固体到液体，从液体到固体），还有颜色和外形的变化。对这些变化的研究从实质上加快了化学的发展。

炼金术——让东西方携手

之前我们已经讲解过东西方这两块地理和思想上全然不同的地域在发现新元素时有着不同的命名和理解。然而到了现代，这门科学（化学）在世界各地有了通用的元素名称、标记方式和相同的理解，那么这种体系和统一是如何形成的呢？

东西方的文化随着大规模贸易商路的开辟而不断融合出新，对元素的探究、认知变化及应用也同样建立在丝绸之路上。当然，它一开始主要用于丝绸的贸易，后来逐渐成为希腊语明、东方文明和拜占庭文明等欧亚大陆全域文化沟通交流的纽带。在文化沟通交流中，自然也会包含学者对寻找新物质等相关知识的交流。在东西方，以硫和汞这两种新物质为媒介，人们对元素和物质的研究开始不断扩张，发展迅猛。

工业可以说是以科学和知识为基础追求经济价值的产业，但科学本身很难说只是为了追求经济价值而存在。炼金术就是如此，下面我们将揭开隐藏在炼金术背后的秘密。在现代，炼金术一般被认为是出于对物质的变态欲望，即对金钱的贪念而诞生的。因为一直以来，我们以为炼金术就是将铅通过化学变化变为黄金，

从而实现一夜暴富的技术。但是，我们再来看看这个词，其中“炼”这个汉字除了“提炼、冶炼”之外，还有“锻炼、精炼”的意思。要想弄清楚这一名称的内涵，需要重新回到被认为是元素学说起源的古希腊四元素说。

在早期，哲学家们提出水、火、土、气四元素后，著名哲学家苏格拉底的学生柏拉图开始潜心研究正多面体，即由同一种平面图形（正多边形）构成的立体图形。其中有四种很快就被发现，包括正三角形构成的正四面体、正八面体和正二十面体，以及正四边形构成的正六面体。这些立体图形仅由一种图形构成，但从任意方向观察都对称，因此柏拉图认为它们是构成宇宙的有意义的元素，便自然地将这些图形代入四元素，完成了四元素说的几何化。但是，后来随着由正五边形构成的第五个也是最后一个正多面体——正十二面体的发现，他认为应该代入另外一种元素来完善四元素说。柏拉图的学生亚里士多德就假想了一种名为“以太（aether）”的超物质，这便是集合了宇宙整体、精神、灵魂的第五元素。它被认为存在于世间万物之中，是四大元素之外的一种不可思议的物质。

在这一基础之上，东西方的知识相互融合，炼金术也应运而生，因此早期炼金术的目的在于修炼自己的内心，通过观察人类所属宇宙中发生的物质变化来“精炼”自己渺小的心灵，变成像黄金一样高贵的存在。也可以说是一段为了寻找“真理”而不停进行实验的无尽旅程。炼金术不像以思维为中心的哲学，它更像是一门以实验为中心的学问，注重实际操作引起的各种变化并观察这些变化。这门学问取得的一系列成果的意义非常重大，对现代化学产生了深远的影响。

现代化学的实验用具和实验方法的基石

有人认为炼金术是化学发展过程中一段不合理的过渡期，就像迷信或幻术一样，但炼金术对现代化学产生的巨大影响是毋庸置疑的。最具代表性的就是炼金术时期出现了现代化学中使用的各种实验用具和实验方法。之前讲解人体组成元素的时候，提到过“光的携带者”——磷。很久之前人们就发现了它的自燃现象——“鬼火”，而磷作为元素被发现，并且其发光现象被确认的一幕，真可谓是历史性的瞬间，虽然发现过程有些脏乱，但非常有趣。1669年，德国炼金术士亨宁·布兰德（Hennig Brand）收集了几十桶人体的尿液，将其蒸馏后制取得到了一块小小的白色固体，也就是磷。当时的布兰德正埋头寻找“贤者之石”，而上述实验也是其研究计划的一部分。据传闻，在提炼普通金属时加入“贤者之石”，便能够将普通金属转变为贵重金属，如将铅转变为黄金。

这一场景也是炼金术史上极为夸张的一幕，因此很多插画都有描绘磷被发现时的场景。仔细观察这些插画，你会发现发光的磷就装在我们常用的圆底烧瓶内，在插画中，布兰德后面的柜子上还陈列着类似我们现在使用的烧瓶、烧杯等玻璃实验器皿。另外，我们还能推测出当时所采用的实验方法就是加热蒸发（加热盐水等化合物溶液，蒸发溶剂后获取溶质的方法），这与现在的实验方法相差无几。

如此看来，尽管当时已知的信息比现在少，但那些炼金术士执着于分解复杂物质以及提炼金属，因此持续不断地投入精力研发新的实验器皿和实验方法。当时研发的实验器皿和方法至今依然在使用（为了更便于使用也进行过改良），仅凭这一点，我们就不能否认炼金术是现代化学的基础这一事实。

最早的元素符号

随着炼金术的发展，炼金术士们不断获得新的知识，他们的知识总量也逐渐增加。在这一过程中，众多炼金术士们也发现了不同的实验条件会导致不同的结果，有些是自己想要的，而有些则毫无意义。取得成果之后，大部分学者会将之公布于众，以此名利双收，但也有很多人会隐藏自己独有的秘法和技术，留给后世一些晦涩难懂的记录，为此他们会选择星座、符号等方式来简单标记物质，而非当时通用的物质名称。同时，关于如何进行实验的记录也采用图形日记等隐喻的形式来标记，而非直白的文字。尽管简略记录的目的是隐藏自己的秘法和技术，但同时这也有其积极的一面，即客观上促进了化学家专用语言的诞生。

之后，更多的元素被发现，元素的概念也得以确立，原子学说的确立者道尔顿发明了一种在圆内添加画或文字的标记方法并加以推广，后来随着瑞典化学家贝采里乌斯（Jöns Jakob Berzelius，1779—1848）首创用一个或两个字母来表示元素，现行元素周期表以及标记化合物成分所使用的元素符号才逐步定型。炼金术士的这一新尝试如同发明了一种新语言，为化学家们更有效地沟通建立了一座新桥梁，可谓是功不可没。

炼金术的坠落带来了化学的进化

综上所述，我们可以知道，炼金术自带修炼自身心志的崇高目标，为现代化学提供了各种实验用具和实验方法的参照蓝本，并为新元素的发现和元素符号的发明做出了不可磨灭的贡献。然而我们又是从什么时候起，将炼金术看作是一种只为点“铅”成金的贪婪行为呢？那是因为炼金术的目的和意义在某一瞬间突然变质了。

实际上，类似的学问发生变质或扭曲的问题从古至今都很常见。就算其本质意义和发展过程都非常完美、无可指摘，但当一种学问或风气成为社会主流之时，就会出现很多目的不纯的“骗子”，妄图利用它来满足个人的私欲。现在我们经常会在新闻上看到很多迷信骗局就是活生生的例子。后来炼金术也不再执着于炼出所谓精神意义上的“黄金”，而是大肆宣扬“廉价无用的金属铅能够炼出贵金属黄金”，以此寻求贵族的经济资助。在中世纪，黄金作为硬通货在资产中占据很大比重（现在也是如此），因此炼金术提出的这种可能性在社会上引起了很大的轰动。当时的英国国王认为，如果炼金术士能炼出真金白银，很有可能会导致官方货币的贬值，于是专门颁布了一条法律，禁止将普通金属变成黄金。

就这样，炼金术开始被人们认为是攫取财富和权力的工具，而这反而从某种程度上也促进了元素的发现和化学的发展。众所周知，好奇心的确能够促使对该领域有兴趣的人积极参与其中，但只有金钱或者物质奖励才能吸引大多数人加入其中。这就好比没有任何奖励的比赛很少有人参加，而奖金和奖品丰厚的比赛就会吸引很多人，这样是不是很容易理解？用现在的眼光来看，这就是一种金钱万能主义或政治资本主义，但结合炼金术最初是以崇高的精神启蒙为目标，变质之后也为现代化学框架的建立贡献良多等事实，我们依然将它视为现代化学的雏形。

那些闪光的炼金术士后裔们

我们已经简单地了解了近现代化学的前身——炼金术的起源、发展和衰落。那么，风靡了整整一个时代的炼金术，又是从什么时候转变成化学的呢？在这中间起到最关键作用的人物就是17世纪英国的哲学家、化学家和物理学家罗伯特·玻意耳（Robert Boyle，1627—1691）。当时的炼金术士们强调结果优先，不停地埋头做实验直至成功，而玻意耳却别出心裁地采用了另一种方法——在没有任何“假设”的前提下设计实验，并准确分析相关数据，就连实验日期、温度、风速、压力、日月的位置等信息都会一一进行记录，这为化学从炼金术这一技术中独立出来，成为一门科学奠定了基础。他在自己的著作《怀疑的化学家》（The Sceptical Chymist）中否认了四元素说，认为元素只有通过实验分析才能制取，这一观点让当时的炼金术士后来脱胎换骨成为真正的科学家。此前他们从事的工作非常复杂，需要把已知的金属元素混入几种新物质，然后不停地加热分离。在此以后，他们不再执迷于转变金属，不再受限于单一的实验内容。

从18世纪开始，对各种形态的物质和组成元素的定性分析（基于物质性质确认其是否存在）成为主流，诞生了所谓的“气体化学”。从前面所说的氢（H）、氮

（N）、氧（O）等重要元素，到它们之间发生化学反应生成的一氧化氮（NO）、氨气（NH_3）等化合物，都是在这一时期发现的。从18世纪开始，继承玻意耳衣钵的新秀化学家们纷纷闪亮登场，使得化学顺利地取代了炼金术的位置并延续至今。

其中的代表便有法国化学家拉瓦锡。他通过观察化学的开端——燃烧反应，发现了氢气和氧气，还通过定量实验（基于物质物理量数值的测定来研究反应的相互关系）验证了质量守恒定律。拉瓦锡的发现，成为人们认识并把握气态元素的特征的重要契机。到了18世纪末期，工业革命开始，定量实验和实验设计对研究元素种类和质量以及元素化学反应的重要性也随之日益凸显。道尔顿立足于定量反应关系，创立了原子论，后来的阿伏伽德罗（Amedeo Avogadro，1776—1856）提出相对原子质量之间的关系和分子的概念，近代化学由此开始登上历史舞台。

至此，炼金术所占据的时代地位开始被严格计量和研究的科学——化学所替代。不过，我们更熟悉的还是炼金术已经变质和衰退之后的故事，现在明白了它的本

玻意耳定律：当温度一定时，气体的体积和压强成反比。

质量守恒定律：化学反应之前和之后的物质质量相等。

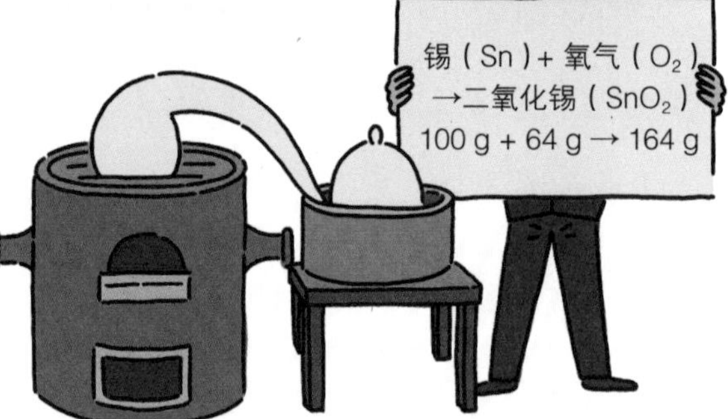
锡（Sn）+ 氧气（O_2）
→二氧化锡（SnO_2）
100 g + 64 g → 164 g

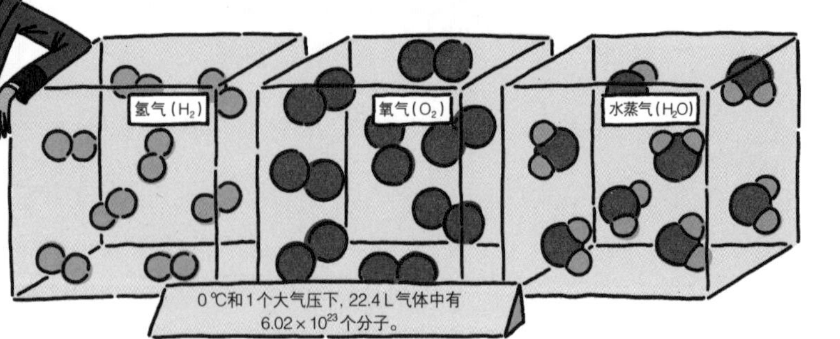
阿伏伽德罗定律：同温同压下，相同体积的任何气体含有相同的分子数。
氢气（H_2）
氧气（O_2）
水蒸气（H_2O）
0 ℃和1个大气压下，22.4 L气体中有6.02×10^{23}个分子。

质意义之后，你是不是为之扼腕叹息？但令人意想不到的是，很多科学家继承了炼金术最初的精神价值，而且你一听到他们的名字肯定惊得目瞪口呆，以下仅介绍其中最知名的三人。

万有引力定律——牛顿

牛顿（Issac Newton，1643—1727）也是一位炼金术士，我们大致都在伟人传记中读到过，或听说过他的故事。他在苹果树下被苹果砸中而发现万有引力的故事撇开真实性不谈，也不失为一则有趣的科学逸事。除此之外，牛顿还创立了微积分，发明了牛顿望远镜，使用了三棱镜研究日光等，可谓是一位才华横溢的天才科学家。

事实上正因为如此，很多人才会误以为牛顿的职业是物理学家或数学家，但令人惊异的是这些自然科学领域的研究只不过是牛顿的兴趣爱好而已。据说，牛顿自认为自己的职业是神学家和炼金术士。他对神学非常感兴趣，并为此耗费了大量的时间，而作为炼金术士，他的一生都在钻研“贤者之石”的炼制，相关的研究笔记传世至今。如果考虑到牛顿是17世纪中期到18世纪初期的人（当时炼金术还是主流），那么我们也不会对此感到奇怪了。他还曾是国会议员（1689年），后来出任英国皇家铸币厂的监管（1696年），并参与到货币重铸的工作中，真称得上是百科全书式的“全才”。

歌德和他的《浮士德》

我们前面说，炼金术是一门追求精神价值的学问，所以，不只有那些做实验的科学家才算是炼金术士。这一点可以从我们所熟知的德国大文豪约翰·沃尔夫冈·冯·歌德（Johann Wolfgang von Goethe，1749—1832）身上体现出来。歌德出生和成长的时代是一个大变革、大动荡的时代，发生了很多历史和文化方面的重大事件，包括古典主义和浪漫主义的相继兴盛，法国大革命爆发并波及整个世界，以及马克思的诞生。一方面是根植于宗教改革和希腊语明的人本主义蠢蠢欲动，另一方面是日耳曼人内心的神秘主义，两者互相纠缠与融合，让歌德陷入深深的苦恼之中，并努力从中寻找自我。在其代表作《浮士德》中，我们可以找到贯穿歌德一生的时代背景和他的炼金术士情怀。《浮士德》是他在不到20岁的时候开始构思，直至去世前一年才得以完成的大作，创作时间前后一共64年。

事实上，作品中的主人公浮士德（Faust）是一名16世纪真实存在的炼金术士，歌德把自己投射到浮士德身上，对他的故事进行了重构，讲述了他与一个名为梅菲斯特（Mephisto）的魔鬼之间的故事，实际上前者追求与世俗无关的崇高价值，代表着歌德本人的追求，

而后者代表了世俗的欲望。在堪比现在人工智能的人造人——荷蒙库鲁斯（相传是过去的炼金术士帕拉塞尔苏斯首创的）的帮助下，浮士德最终完成了自我救赎，整个过程有趣但又充满险阻。歌德倾注了一生的心血到这部作品中，书中使用了很多炼金术中关于神话的概念，最终想要努力找到作为人的价值本源。浮士德在修炼自己的过程中，发现了那些人类应当追求的价值的重要性。尽管不是通过科学实验达成的变化，但正如早期“元素说”中存在宇宙与精神一样，歌德也称得上是完成了无数次思维实验的“炼金术士”。

荣格情结中的炼金术

如果我们把时间推后到现代，就要说到20世纪伟大的心理学家卡尔·荣格（Carl Gustav Jung，1875—1961）了。可能你会觉得很意外，但考虑到他把他的一生都献给了心理学研究和人格研究，说他继承了炼金术的精神价值也就不奇怪了。荣格开创了分析心理学学派，是与西格蒙德·弗洛伊德齐名的精神分析学家。通过对人类无意识和团体无意识的研究，首创了我们现在常说的“情结”（对现实行为和认知产生影响的无意识情感）概念。他甚至亲口承认，学习炼金术对自己研究人类精神帮助很大。他没有采取炼金术只考虑变化前后关系的方式，而是对这一过程中出现的阶段性瞬间进行人格化研究。从第一阶段的发现自我，第二阶段的克服内心阴暗面，到最后一个阶段的精神对立消解形成平衡，他把过去炼金术士为炼制“贤者之石”所做的解释人格化，从而完成了自己的理论构建。

炼金术这门学问尽管已经变质消失，但它的影响至今仍存在于包括科学领域的实验器具、实验方法、研究方法、思维方式、结果分析等，以及精神层面的文学、哲学等化学之外的多个领域。实际上，我们这个时代的科学家，特别是化学家都称得上是炼金术士的后裔，因为他们对科学和社会所做的贡献不仅仅局限于物质的变化和利用，还涵盖了精神层面。

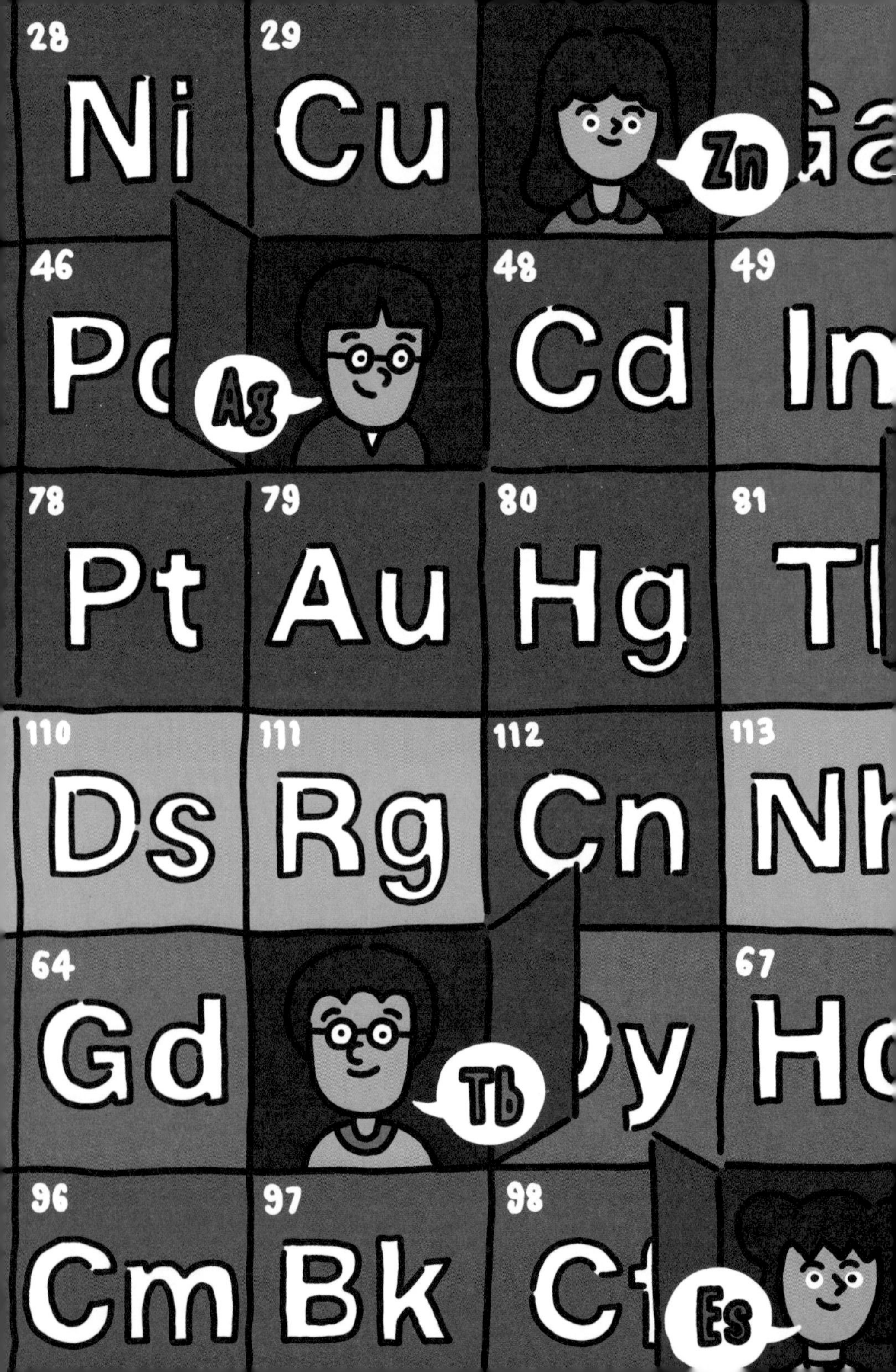
28
Ni
29
Cu
Zn
46
Ag
48
Cd
49
78
Pt
79
Au
80
Hg
81
110
Ds
111
Rg
112
Cn
113
64
Gd
Tb
67
96
Cm
97
Bk
98
Es

5
为电喝彩
让我们发现更多的元素
Ge
33
As
34
Se
35
Br
Sr
53
I
85
At
14
Fl
117
Ts
70
Yb
71
Lu
Tm
101
Md
102
Fm
Lr

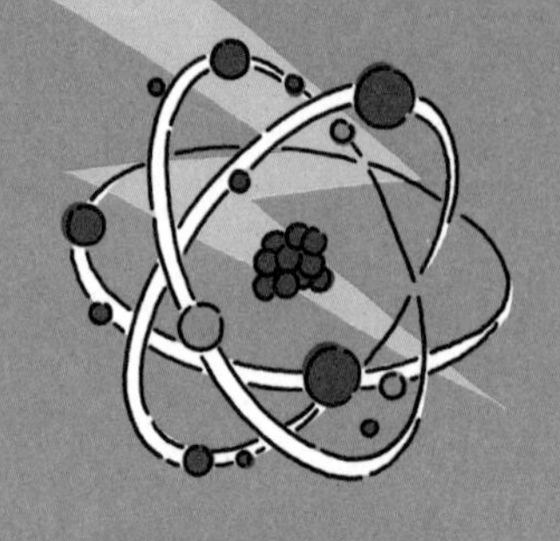

上一章中，我们讲解了以定性实验为主的中世纪炼金术发展成为以定量分析实验为中心的近代化学的过程。在这一过程中，除了我们之前讲过的气体元素（氢、氧、氮等）、金属元素（铅、铜、金等）以及触发科学发展的硫和汞之外，并没有特别提到其他的元素。这是因为在当时，除了能够采掘提炼的金属元素和常见的气体元素之外，无法分离和提取其他元素。炼金术时代之所以重要，是因为它本身是近代化学的基石，同时，在这一阶段很多实验方法和标记方式被创立，至此，化学发展的基础已经具备，这就好比现代化学这辆特快列车已经准备就绪，只等发车信号。

如果说是炼金术制造出近代化学这辆列车，并为其铺好了行进轨道，那么让这辆列车开动起来的实质能源就是之前尚未发现的新元素。那么，这些元素又是如何被发现的呢？其中的奥秘就在于“电”。本章我们将到炼金术逐渐退出历史舞台的18世纪去看看。

18世纪初，工业革命方兴未艾，其主要内容就是机械革命，史称第一次工业革命。1712年，托马斯·纽科门（Thomas Newcomen，1663—1729）发明了大气压蒸汽机，它让人类利用机械的力量成为可能。这之后工业迅速发展，劳动机械化水平不断提高。不过，我们现在要关注的是这之后的电力革命，即第二次工业革命。我们可以通过构成原子的核心要素——电子，来理解电和电流的产生原理。我们知道原子是由原子核和核外电子组成，位于原子中心的原子核由质子和中子构成，它们在核内非常稳定；而原子核外围的电子在简单的刺激或冲击下，却很容易挣脱原子核束缚朝外逃逸，在这种刺激或冲击的作用下电子就会发生流动。闭合的电路给电子提供了运动的回路，电子沿着电路流动就产生了电流。

之所以讨论这些，是因为构成某一元素原子的质子、中子和电子的个数都是一定的，但电子可以在原子的内外移动，这样就会打破原子的电中性状态。处于电中性状态的原子失去或得到电子，就会形成带正电的阳离子（如Na^+、Ca^{2+}）或带负电的阴离子（如O^{2-}、Cl^-）。带正、负电荷的离子可以自由移动，且易溶于极性溶剂（如水等）。我们将食盐（NaCl）溶于水就可制得电解质，电解质是以带电离子的形态存在于溶液中的化合物，电解质中含有自由移动的阴、阳离子，如果形成回路，就会产生电流。

好了，最后我们来总结一下。世界上存在很多易溶于水的化合物，它们由阴、阳离子构成。在化合物的状态下，它们的正、负电荷保持平衡，处于一种中性稳定的状态。为了从电解质离子中分离制取呈原子状态的单一元素，就必须将阴离子过剩的电子转移给阳离子去补充它缺失的电子。那么如何转移电子呢？只要能够任意控制电子的移动即可。现在我们已经可以驾驭电这一强有力的有用能源，无法分离除固体和气体之外的元素的日子已经一去不复返了，寻找更多元素的准备工作已经完成。

电化学发现了很多种元素

那用于发现元素的是哪种电呢，爱迪生（Thomas

Alva Edison，1847—1931）点亮电灯的电？还是富兰克林（Benjamin Franklin，1706—1790）下雨天放风筝引到玻璃瓶的电？很遗憾，两者都不是。答案是亚历山德罗·伏特（Alessandro Giuseppe Antonio Anastasio Volta，1745—1827）发明的伏特电池。1800年，伏特将两种不同元素（如铜和锌）制成的金属板放入电解质溶液中，并用电线相连时，发现不经任何其他处理就自动产生了电流。现在该装置也被称为化学电池，其中的化学原理就是"氧化"和"还原"这对同时发生的反应。

这一反应是围绕电子的得失发生的。通过氧化反应，构成某一电极的物质失去电子，这些电子沿着导线发生移动，进入另一电极发生还原反应。这种氧化和还原同时发生的化学反应就是伏特电池的基本原理。阴离子发生氧化反应，失去电子后形成中性的原子，这样我们就能制取元素。同样的，电子不够的阳离子得到电子后，也能形成中性原子并得到元素。

氧化反应可以从三个角度去定义，即与氧结合，失去氢，或失去电子。相反，还原反应则是失去氧，与氢结合，或获得电子。我们生活中常见的是氧化反应，大气中的氧气和铁等金属发生反应使金属氧化，即让金属生锈，这就是典型的氧化反应。从氧的角度出发，它从铁中获得电子而发生还原反应（生成O^{2-}），而铁的电子则被氧抢走而发生氧化反应（生成Fe^{3+}）。

$$4Fe + 3O_2 \xlongequal{} 2Fe_2O_3$$

这样，氧化反应和还原反应同时发生，一起完成了化学反应，这样的反应就叫氧化还原反应。那么，怎么样才能让氧的阴离子和铁的阳离子重新回到原来的状态呢？正如铁生锈是自然发生的，但让生锈的铁变为原来洁净的铁却很难发生，所有的化学反应都可分为自发反应和非自发反应。生锈的铁重新变成洁净的金属铁和供呼吸的氧气，就是非自发反应。强制进行这种非自发反应，关键就是操控其中的核心要素——电子的移动，这就是人类利用电子从各种离子中发现新元素的方法。

伏特电池的制作原理就是氧化还原反应，两种物质分别位于两个相反的正、负电极，一个电极中失去的电子（氧化）没有被消耗，而是通过已有的回路进入相反的电极（还原）。有了这样一个装置，我们可以任意进行人为操控，从而得到想要的物质。

听起来简单的原理实现起来其实并不容易，但历史上有一个化学家利用这个简单的原理制取了很多元素，那就是英国化学家——汉弗莱·戴维。汉弗莱·戴维发明了多个伏特电池串联的装置，通过该装置生成的电流成功分离出了多种元素，其中就包括我们人体必需且常见的第一主族的碱金属元素钠和钾，以及第二主族的碱土金属元素钙和镁。

这些耳熟能详的常见元素，为什么这么晚才被发现呢？就是因为之前所说的发生了氧化。第一主族和第二主族元素属于活泼金属元素，和水反应时生成碱性溶液。过去，人们利用草木灰（之前讲解钠和钾的发现过程中提到过）制成俗称碱水的碱性溶液，并用于洗衣和肥皂制作。甚至我们将表面具有光泽的第一主族和第二主族金属元素放置于空气中，它们就能和空气中的氧气发生氧化反应，使得表面迅速发白。因此，金属状态的钠和钾等物质要保管在煤油等油状物中，以免接触水和空气。

在地壳中，我们无法找到纯净的、以金属状态存在的第一主族和第二主族元素，因此，之前只能通过化合物的形式确认元素成分并大量应用（比如氯化钠就是利用海水制得），而无法单独分离提取该类元素。后来，汉弗莱·戴维为了分离钠元素，让氯化钠处于熔融状态，并使用了前文提到的伏特电池装置，从而达到目的。有一点很关键，就是这里所使用的是高温下呈液态的氯化钠，而非我们经常想到的溶于水后的盐水。在氧化还原反应中，有些元素的电子移动比较容易，而有些并非如此。如果使用盐水，除了钠离子和氯离子之外，还存在水分子。此时，发生还原反应的电极上并非钠离子得到电子后还原成钠原子，而是水发生电解，释放出氢气（H_2）。

所以说，不同的实验条件会带来完全不同的实验结果，汉弗莱·戴维通过大量的实验，还成功地发现了碱土金属的主要元素——锶（Sr）和钡（Ba）。之后又发现了其他元素，他也因发明用电化学的方法提取元素，并成功发现众多新元素而受封准男爵的爵位，获得“爵士（Sir）”头衔。接下来我们所要讲解的第三主族元素，它们的发现也同样离不开汉弗莱·戴维。

玻璃不再崩碎的秘密——硼

问起世界上最坚硬的物质，答案相信我们从小就听过很多遍，早已烂熟于心。那就是钻石。作为一种宝石，钻石是一种含碳元素的单质。单质只由一种元素构成，内部结构非常稳固，比如氢气（H_2）、氧气（O_2）、氮气（N_2）等气体，以及剪刀或小刀都能切开的钠、钾等固体。而由碳原子构成的钻石之所以强度会远超其他物质，是因为碳原子更容易和周围的其他原子结合而形成稳定结构，以至于被用作组成人体中多种物质的骨架。

那么，强度仅次于碳的元素又有哪些呢？我们首先想到的是同属第四主族的硅（Si）元素，性质相似但其原子半径比碳原子半径大了一圈，还有一个大小相似，但位于碳旁边的硼（B）元素，它属于第三主族，因此它的可结合电子数要比碳的少一个。后来人们发现硼的强度仅次于碳。硼在汉弗莱·戴维通过伏特电池电解硼酸盐溶液时首次被发现，这种单质硼并不纯净，它很容易被氧化，在自然界中几乎不存在。

硼的用途非常广泛，其中应用最多的就是用作玻璃制品的添加剂。以前的玻璃很容易破裂，往玻璃杯内倒入热水，或冷藏时经常突然碎裂。玻璃的主要成分是二氧化硅，即一个硅原子和两个氧原子结合生成，它在加热时膨胀程度很大，因此急剧的温度变化会导致其产生裂缝而碎裂。当在玻璃的制造过程中加入硼，就会生成硼硅玻璃，它的热膨胀率很低，对温度变化不敏感，因而非常耐用。现在我们家庭中使用的玻璃杯、玻璃壶等制品都是由硼酸玻璃制成的，导致我们几乎都忘了玻璃其实并不耐热这一事实。

另外，硼元素还能和碳、氮结合生成新物质而应用于多个领域，但实际上最重要的应用还是提升玻璃性能。如果中世纪时期使用的玻璃实验器具能够更耐热，那么对化学实验和新元素的发现会起到更大的作用。随着19世纪硼元素的发现和硼硅玻璃的发明，现在的化学家才得以透过安全而透明的玻璃实验用具，观察数百度高温下的有趣化学反应。

以上我们分享了汉弗莱·戴维通过电化学控制氧化还原反应，发现新元素的故事。正如从很久之前开始，科学家的知识不断累积并传世，对元素的寻找分解及确认的相关方法也是不断深入发展。限于篇幅我们无法一一讲解所有的元素，以后仅介绍被发现的故事比较有趣，且相互间有联系的元素。

请给我起一个行星那样酷炫的名字

迄今为止，所有的已知元素都是由谁命名的呢？

前面我们大致已经考察过各个元素的名称及语源，涵盖了从公元前到中世纪及近代的时间区间。它们的命名方式大致有以下几种：基于元素的基本用途，比如生成水的氢（Hydrogen）；基于元素的来源物质，比如来源于草木灰的钠和钾；基于元素出土的地区名称，比如镁（Magnesium）因盛产于希腊的Magnesia而得名，铜（Copper）的主产地为希腊的Cyprus岛等。以上的元素名称均有明确的来源，但还有很多的元素名称听起来非常“高大上”，以至于在了解其中的缘由之前让人难以理解，比如那些源自行星名的元素。

人类到底是从什么时候起开始仰望星空的呢？具体时间不得而知，但如果只是单纯仰望这一行为，可能是类人猿从地球上诞生的那一刻起，我们就开始仰望太阳、月亮还有夜空中的星星吧。那么，人类又是从什么时候开始带有目的地观察星空的呢？大概是从记住各个星座的位置，想要了解季节和自然时间的时候，或是以不变的星星（如北极星）为基准明确方位的时候吧。天文学在发展成为一门科学之前，已经在人类文明发展的过程中扮演了重要角色，以占星术、迁度祭[①]等形式在宗教和阶级社会领域发挥作用。如果没有前人长时间观察星星并掌握其中规律，那么也不会有后人会了解地球在宇宙中的位置，并预测各种自然现象了。言归正传，其实元素的命名方式正是起源于占星术。尽管之后也出现了上面提及的各种新方式，但最初的源头依然是占星术。

占星术起源于古代美索不达米亚地区，其主要的观察对象包括由恒星（自行发光发热的星体，如太阳）组成的星座、太阳系内的其他行星、周期性出现并消失在地球附近夜空的彗星、不规律造访地球的流星等，研究的内容涵盖了上述天体的排列和移动，以及影响农耕、战争等大型事件的天文预测等。另外，受制于当时落后的冶炼技术，人们只能制取地壳中大量存在的元素以及易得的元素，并以此为基础构建发展了铁器时代、青铜器时代等文明和社会。

于是，人们试图从占星术中占据最重要地位的“七大行星”——太阳、月亮、水星、金星、火星、木星、

① 一种祈祷死者的灵魂前往极乐世界的仪式。——译者注

土星的公转速度、颜色等方面，去寻找它们与人类历史上最重要的7种金属元素之间的联系。诚然，这其中一部分并非行星，而是恒星（太阳）和卫星（月亮），但考虑到当时的天文学并不存在相关的定义，为表述方便而称之为“七大行星”。将当时使用的七种核心元素代入这七个行星后，具体的对应关系如下：

太阳	火	金（Gold，Au）
月亮	水	银（Sliver，Ag）
火星	火	铁（Iron，Fe）
水星	/	汞（Mercury，Hg）
木星	气	锡（Tin，Sn）
金星	水	铜（Copper，Cu）
土星	土	铅（Lead，Pb）

以上按“行星-对应四元素-元素”的顺序进行排列，是不是觉得很眼熟？在过去，人们用天体来记录一个月或一年等时间间隔，日、韩等国家用于描述星期的日月火水木金土也源于此。金作为带有金色光泽的不

常见金属，与太阳对应；泛着银白色亮光的月亮与银对应；火星呈红色，故对应能让人联想到血和铁锈的铁；离太阳最近且快速公转的水星对应流动的金属汞；过去用于保存食物的锡对应象征富饶和仲裁的木星；铜对应象征女性和美的金星；而当时发现元素中最重的铅对应当时认为是太阳系中离太阳最远，缓慢而厚重的土星。

新行星赋名新元素

这些元素都是维系所有文明、历史和时代的核心金属元素，因此这种对应关系意义深远，一直以来被认为是金科玉律而被严格遵循，后来随着新元素和新行星的发现，新的对应关系也很快被确定。而在这个过程当中，也出现了原有对应关系变更的情况，接下来，我们将讲述几个元素名称来源于天体的故事。

地球和月亮——碲和硒

占星术和天文学最关心的就是仰望天空、观察天体，因此对我们脚踏的地球本身并没有多大兴趣。

1782年，奥匈帝国的穆勒（Franz Joseph Müller von Reichenstein，1742—1826）在研究矿石的过程中，发现一种闻起来有萝卜味道的不明元素。穆勒在给它命名的时候想了很久，结果当时已发现的太阳系行星都已经被用来给其他元素命名了。之后到了1798年，德国化学家马丁·克拉普罗特（Martin Heinrich Klaproth，1743—1817）将其命名为碲（Tellurium，Te），源自罗马神话中代表地球的大地女神Tellus。

1817年，瑞典化学家贝采里乌斯和甘恩（Johan Gottlieb Gahn，1745—1818）在提纯硫酸的实验过程中，发现一种与碲相似的全新元素。该元素的化学性质与碲类似，而且往往和碲伴生，很容易让人联想到地球和其卫星——月亮之间的关系，因而这种新元素被命名为硒（Selenium，Se），源自古希腊神话中的月亮女神Selene。

实际上，像碲-硒这种成对命名的元素之前就有过，那就是1801年发现的铌（Niobium，Nb）和1802年发现的钽（Tantalum，Ta）。它们都不溶于强酸，元素名分别取自希腊神话中在地狱受刑罚的坦塔罗斯和他的女儿尼俄柏。元素的命名是不是也和元素的发现过程一样，越了解越觉得有意思？

天王星——铀，海王星——镎，冥王星——钚

除了占星术的“七大行星”之外，还有些行星离太阳较远，随着天体望远镜的进步和发展才逐渐为人知晓。在这个过程中，自然也有化学家想要用天体的名字来命名自己发现的新元素。首先是1781年首次被发现的天王星（Uranus）和1789年发现的铀元素（Uranium，U）。实际上天王星在适宜天文观测的日子可以通过肉眼观察到，但由于过暗且转动缓慢（公转周期长达84年），很长一段时间内并不被认为是太阳系的行星。直到出生于德国的英国天文学家威廉·赫舍尔（William Herschel，1738—1822）公布了这一发现，太阳系也在时隔许久之后终于迎来了新成员。

天王星是太阳系中人类肉眼所能观察到的最远行星，而铀是自然界元素中最重的一种，它的发现者德国化学家克拉普罗特以天王星的名字为其命名。后来在1846年发现的海王星（Neptune）和1930年发现的

冥王星（Pluto），也分别用于命名在1940年发现的镎（Neptunium，Np）和钚（Plutonium，Pu）。至此，太阳系的所有行星都有了相对应的元素。

然而，正如地球和月亮的关系一样，除了上述行星之外，太阳系还存在几个较为巨大和重要的卫星。

谷神星——铈，智神星——钯

这两种元素均于1803年被发现，在此之前天文学有了一个重大发现。该发现源于一种推测，即根据太阳到各行星之间距离的计算结果，火星和木星之间广袤的空间内理应存在一颗行星或其他天体。

最终在1801年，人们在这一空间，即现在所说的小行星带上发现了太阳系的首颗矮行星（围绕太阳公转，质量足以克服固体引力以达到流体静力平衡形状，不属于其他恒星的卫星，但也无法清空所在轨道上的其他天体）——谷神星（Ceres，罗马神话中掌管农业和谷物的女神）。自发现之初起，它在很长一段时间内就被认作是太阳系的一颗行星，甚至在决定将冥王星排除出行星行列的会议上，也有人提出将谷神星纳入行星行

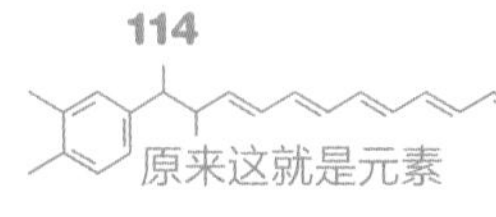

列，可见它在太阳系的存在感非同一般。

铈（Cerium，Ce）这个元素的命名就源自谷神星，关于谷神星再多说一点，它之所以如此受到关注是因为其存在相当多的冰，因此行星内部可能会有水、盐、氨等物质。1802年，也就是谷神星被发现的第二年，小行星带的第二颗天体被发现。这一次被认为是小行星的智神星（Pallas，希腊神话中女神雅典娜的别名），尽管属于小行星，但它比冥王星还大，因而得以很快被发现。1803年发现的另一种元素钯（Palladium，Pd）的命名就源于此。

铈和钯都是我们周围常见的元素。其中铈主要用于制造一种名为混合稀土金属的打火石，常用于制造一次性打火机等生火工具；而钯是制造汽车尾气催化剂必不可少的元素，它能够将汽车尾气中的有害气体进行无害化处理。

太阳系的中心——氦

太阳系得以维持的关键在于位于中心的太阳，它吸引行星围绕其公转，自身通过核聚变反应向周围释放光

月球［Moon，Selene（希腊语）］
【旧】银（Silver，Ag）
【现】硒（Selenium，Se）
地球［Earth，Tellus（拉丁语）］
碲（Tellurium，Te）
金星（Venus）
铜（Copper，Cu）
太阳［Sun，Helios（希腊语）］
氦（Helium，He）
水星（Mercury）
汞（Mercury，Hg）

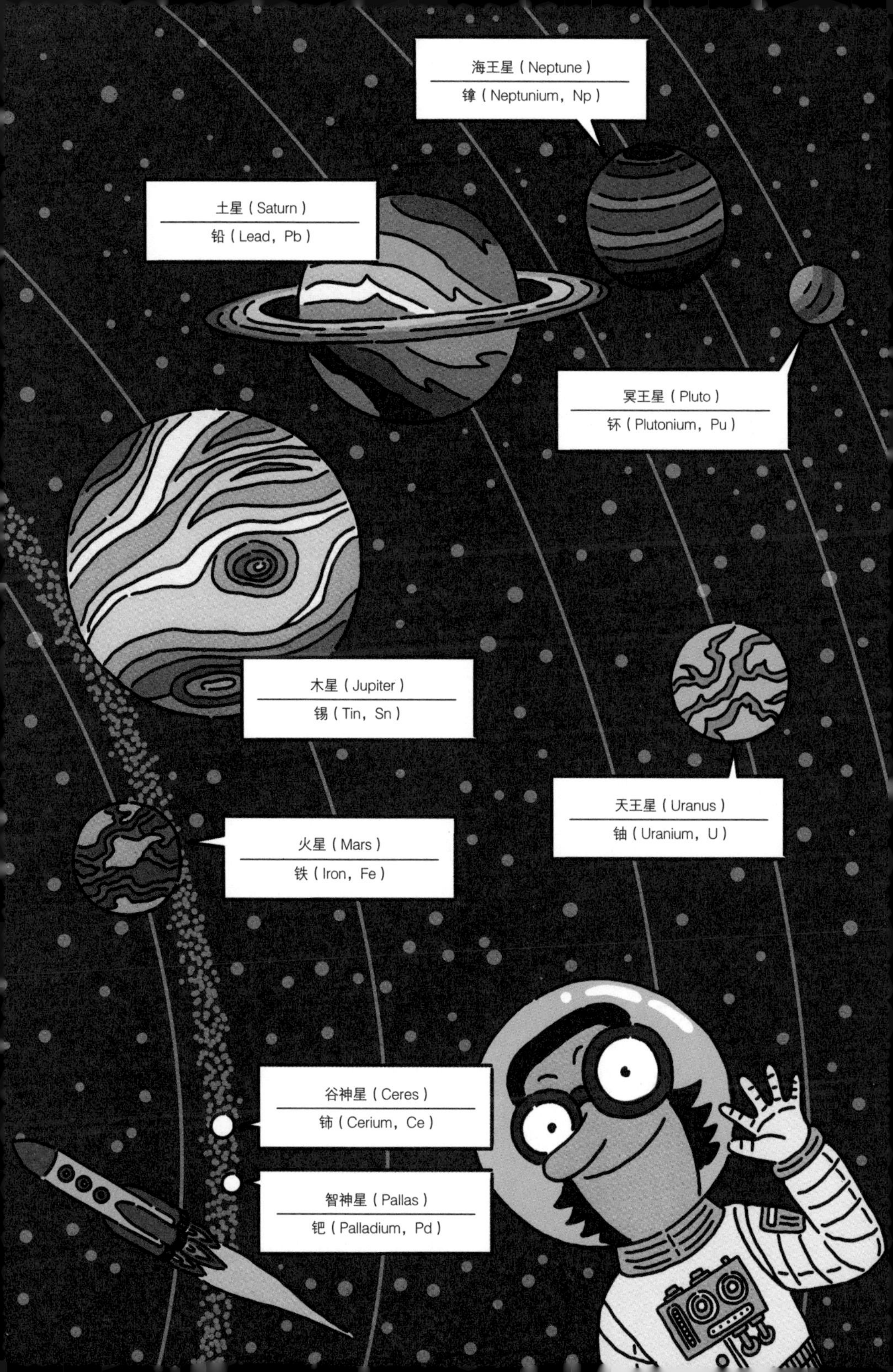

海王星（Neptune）
镎（Neptunium，Np）
土星（Saturn）
铅（Lead，Pb）
冥王星（Pluto）
钚（Plutonium，Pu）
木星（Jupiter）
锡（Tin，Sn）
天王星（Uranus）
铀（Uranium，U）
火星（Mars）
铁（Iron，Fe）
谷神星（Ceres）
铈（Cerium，Ce）
智神星（Pallas）
钯（Palladium，Pd）

和热，让地球上的我们得以生存。一开始，人们认为金元素和太阳对应，但这一认识从1868年开始改变，这源自科学家当时对太阳光的观察。法国天文学家皮埃尔·让森（Pierre Jules César Janssen，1824—1907）在观察日食的时候，发现了一条谱线（特定波长的光发出的线状图），并认定其为地球上没有的某种元素发出的。之后该元素被命名为氦（Helium，He），源自古希腊神话中的太阳神Helios。

作为元素周期表中的2号元素，氦是所有元素中第二轻的元素，它的s轨道中有两个电子，本身属于稳定的惰性气体。正如让森观察的那样，氦在地球上很稀少，但在宇宙空间却很丰富。事实上氦元素在我们的生活中并不罕见，比如去大型游乐场玩的时候，随处可见悬浮在空中的气球，它里面充的就是氦气，另外人体吸入氦气后，嗓音会变得尖细，像唐老鸭一般。不过，氦气和氢气一样，比大气（平均分子量约29）轻，因此在自然状态下会摆脱地球的重力，逃逸到宇宙空间。我们所使用的氦可以从地壳中更重的其他元素中分解得到，也可以从天然气中提取得到。然而通过这些方法所制取的氦气很有限，地球上氦储量仅能供人类使用20～30年。

如果没有了氦，会发生什么呢？在温度极低的状态下，氦会变成液体，液氦用作很多机器运转时的制冷剂，比如我们在医院做检查时用的MRI（核磁共振成像）。一旦氦元素消耗殆尽，整个尖端科技领域都会面临巨大的困难。尽管现在为了解决这一问题投入了很多人力和物力，但目前还没有可行的解决对策，这是我们要共同面对的元素枯竭问题。

在本章的学习中，我们讲述了很多元素命名的有趣故事，从包括太阳在内的各种行星，到月亮和小行星。之前我们看到元素名称的时候，只是会觉得这到底是哪个国家的语言，怎么这么复杂和奇怪，现在发现原来这其中包含这么多的故事，是不是觉得很神奇呢？除了天体之外，很多元素的名称来源还有着其他的有趣故事，期待你去发现。

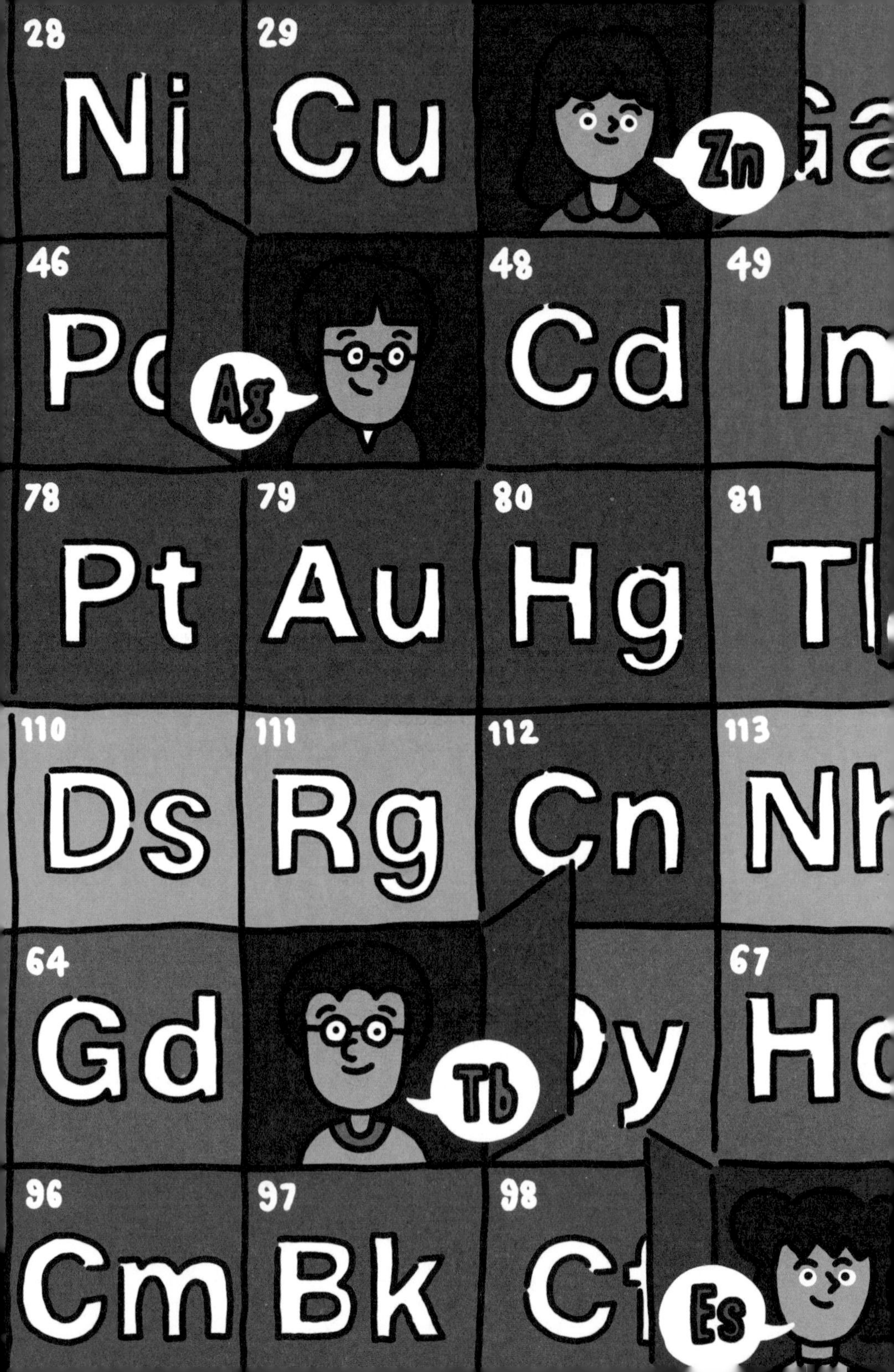
28
Ni
29
Cu
Zn
46
Ag
48
Cd
49
78
Pt
79
Au
80
Hg
81
110
Ds
111
Rg
112
Cn
113
64
Gd
Tb
67
96
Cm
97
Bk
98
Es

6 揭开元素的面纱

32 Ge
33 As
34 Se
35 Br
50 Sn
53 I
85 At
114 Fl
117 Ts
68 Er
Tm
70 Yb
71 Lu
100 Fm
101 Md
102 No
Lr

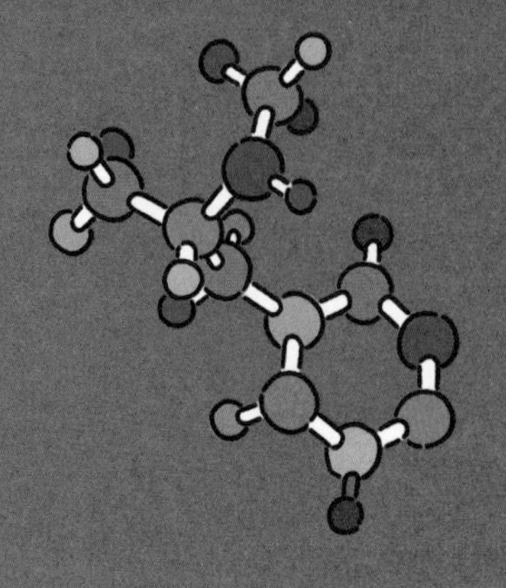

在前面几章中，我们一起学习了元素在原始生命从出现到进化的过程中所扮演的角色，以及新元素是如何被发现和命名的故事。从中我们可以知道，这个世界上总共有118种元素，这其中既有天然存在的，也有人工合成的。尽管它们整齐划一地排列在元素周期表中，但这118种元素却是各有各的特点。

不过，特性不同事小，但有危及生命的元素掺杂其中可就事大了，对这类元素我们在使用的时候必须小心谨慎。在寻找这118种元素的漫长过程中，很多科学家因不了解元素的特性，或敌不过好奇心的驱使直接或间接接触了那些危及生命的元素，最终因此患病，甚至死亡。从这个方面来说，没有这些科学家的“以身犯险”，哪来现在的我们“坐享其成”呢？然而即便是现在，我们也没达到完全知晓元素隐藏的特性和安全使用方法的水平。在本章中，我们将从安全有用的角度来审视这些元素，那些被认为是有用或者有害的元素是什么样的？让我们一起揭开答案。

甜蜜的毒药

很多时候，那些香甜美味的东西会引发各种健康问题，并不止于肥胖、糖尿病等疾病。还记得罗马文明中的铅（Pb）吗？当时人们将其用作葡萄酒甜味剂而引发众多健康问题。甜味会给人带来幸福感，因此很多化学元素的甜味在验证其安全性之前就被滥用，从而引发了很多的事故。其中的典型代表就是第4号元素——铍（Beryllium，Be），由法国化学家沃克兰（Vauquelin Niclas Louis，1763—1829）于1789年在绿柱石（beryl）中发现，其元素名（Beryllium）也源自该矿石。绿柱石听起来可能很耳生，实际上它就是我们生活中常说的祖母绿、海蓝宝石等。

铍元素也带有甜味，至于人们是如何知晓的，不说想必你也能想象出来吧？根据炼金术的传统，自然是要亲自尝一尝、摸一摸、闻一闻啦。当时它还被用来入茶以增加甜味，相当于现在白糖的用处。可问题是，铍是一种强致癌物。强到什么程度呢？它的致癌性比石棉及用于制造炮弹的贫化铀还要强，在2017年世界卫生组织国际癌症研究机构公布的致癌物清单中，石棉属于一类致癌物。当然，现在的铍因为安全问题而被禁止摄入和使用。

那么，铍这种危险元素是否应该和人类完全隔离呢？答案显然是否定的。铍比制造易拉罐的材料铝（Aluminum，Al）还要轻（元素序号越小，原子质量越小，因为构成原子的质子和中子越少），而强度比钢铁更高，因此它是制造机械和金属的最佳材料。后来科学家们找到了一个两全其美的方法，就是将铍和铜结合形成铍铜合金。铍铜合金不仅强度高，而且无毒无害，和其他金属碰撞也不会产生火花，防爆安全性好。目前，铍作为一种必需元素，广泛地应用于各种工具、尖端机械、扬声器等的制造中。

继承之粉

有时，我们会听到在奶粉或其他食品中检测出来砷（As）的新闻，这一有毒元素总是在快要被人遗忘的时候，制造一个大新闻让你想起它。该元素之所以会在食品中被检测出来，是因为它在农业和畜牧业中有着广泛的应用。砷有除虫、除菌的效用，可用作杀虫剂和提高木材保存期的添加剂。砷甚至还用作动物饲料的添加剂，比如说在鸡饲料中加入砷，有助于鸡的生长发育，因此在不少国家使用这种含砷饲料是合法的。由于越是处在生态系统中的食物链的顶端，富集的重金属等物质就越多，农产品生产阶段使用的砷最终也会进入人体。所以，各国家和地区对食品中的污染物检测标准也越来越严格。

“砷”原意为“黄色”，源自其主要存在形式——三硫化二砷（As_2S_3）的颜色，一直以来常用作黄色颜料。1250年，德国炼金术士马格努斯（Albert Magnus，1200—1280）首次成功提取了纯砷，他也因此被推崇为“圣人”，但砷的化合物三氧化二砷（As_2O_3）有剧毒，东西方都有人被此物毒死。

在西方，三氧化二砷由于没有特殊的气味和味道，故常被用于中世纪权力阶层和宗教人士的暗杀，或家庭成员的谋杀，以快速继承权力、财富和遗产。因此，砷也有一个古老的别名——继承之粉。

在东方，砷也被用作毒药，我们经常能够在一些历史剧中看到。这种毒药并非单纯地添加三氧化二砷就能制得，而是通过熬煮含砷较多的植物来制得，这种毒药就是我们常说的砒霜。不过，它是一种慢性毒药，不像氰化钾那样会急性发病，所以我们在电视剧中看到人一吃这个毒药马上就吐血晕倒或死去的场景，实际上很少见，很多人在短期服用少量之后也没有任何不适。

此外，我们在媒体中也经常看到有人用银制食器进行试毒，当时（银制食器流行的中世纪和近代）主要使用的毒药就是三氧化二砷或三硫化二砷，由于银和硫会发生反应生成黑色的硫化银（Ag_2S），所以人们可以根据这种颜色变化来判定食物是否有毒，而现在很多有害物质并不含硫，所以特意使用银制食器来试毒的做法完全没有必要。

还有一个有意思的事，那就是电影和游戏等各类媒体中，常用绿色来表示毒药。这种潜意识形成的背景也是源自砷。坊间传闻，在18世纪的法国，人们发明了一种名为“巴黎绿”的绿色物质，主要用作杀虫剂和老

鼠药。它的这种绿色属于祖母绿，是一种非常好看的亮绿色。当时没有任何颜料和物质能够调出这种绿色，钟情于该颜色的巴黎市民把这种老鼠药用来装饰家具，涂在自家房间的墙壁和房门上，这种做法慢慢形成了一股潮流。尽管他们也了解该物质含有剧毒，但都想着既能毒老鼠，又能用作装饰，简直就是一举两得，这种想法促使人们争先恐后地追随模仿。后来正如我们可以预见的那样，很多人因此而中毒，之后“巴黎绿”被禁用。而这一事件使得毒药的绿色形象开始深入人心。

按理说，像这种数百年来一直问题不断的元素就应该像处理核废物那样，将其隔离并禁止接触，但随着砷的各种优点逐渐为人所知，人们又离不开它。除了作为杀虫剂用于农业和畜牧业之外，砷还在救人性命的医疗领域有所应用。这是不是正应了那句“毒药也是药”？各种砷的化合物可用作抗生素，前面提到过的三氧化二砷也能用作抗癌药物。

在2000年，三氧化二砷还获得了素以严苛而著称的美国食品药品监督管理局（FDA）的许可，它可以用作急性早幼粒细胞白血病耐药患者的治疗药物（用于对抗癌药物产生耐药性的白血病患者的替代治疗药物）。砷在医疗领域的用途非常广泛，它还可以用于诊断成像和放射治疗。此外，它和第五主族元素镓（Gallium，Ga）的化合物还用于半导体制造，这一特性也让它在太阳能电池和发光二极管（light emitting diode，LED）制造等尖端电子领域占有一席之地。

变废为宝

上面提到的砷，还连累它的化合物中的另一种元素成为人们避之不及的对象。那就是第28号元素镍（Nickel，Ni），它也是我们日常生活中很常见的一种元素。实际上从古代文明开始，镍就已经存在（陨石包含着铁和镍，早期它们被作为上好的铁器使用），只不过当时还无法准确区分该物质到底是什么。这是因为金属状态的镍带有美丽的银白色光泽，用肉眼很难将其和银进行区分。到了中世纪，人们在矿山开采铜矿的时候，开始觉得镍在铁器中并无必要。特别是在德国地区的铜矿开采过程中，出土了大量与铜矿相似的东西。这些东西经过冶炼后，并没有出现人们想要的铜，反而产生了一种有毒蒸气，造成了很多的中毒事故。而这一与铜矿相似的不明矿石也被称为"kupfernickel"，意为"尼克（Nickel）的铜（Kupfer）"，而尼克是德国民间故事中山妖的名字，所以"kupfernickel"即"受到尼克诅咒的铜"。后来利用氧化还原反应进行分析后，人们观察到该矿石中存在一种白色的全新物质，并不是之前认为的铜，于是将它的名字（kupfernickel）中表示铜（Kuper）的部分去掉，称它为“Nickel”，即现在的镍。该矿石的身份也随之水落石出，那就是砷化镍（镍和砷的化合物），在冶炼的过程中，矿石内的砷气化形成了有毒气体，才引发了中毒事故。

在提取纯净的镍成为可能之后，人们对这个新金属元素的兴趣迎来爆发性的增长。首先，镍和铁、钴都属于过渡金属中的磁类物质，能够被磁石吸附，受磁场的影响，还容易和其他金属形成合金，提升性能。从厨房用品到家用工具，我们生活中常见的不锈钢就是镍、铁和铬（Chromium，Cr）的合金，它还能用于铸币制造。在韩国，很多硬币中都含有镍，如50韩元硬币中镍的含量为12%，100韩元和500韩元中镍的含量为25%。这些硬币的磁性因大小和金属含量而异，自动贩卖机等机器可以据此进行区分和识别。

镍和钛（Titanium，Ti）组成的镍钛合金是一种形状记忆合金，在一定温度下可以恢复到原来的模样。镍和铬组成的镍铬合金电阻大，发光发热性能好，其线状物镍铬合金丝广泛用于电热器的发热体。以镍为主要成分的镍基合金抗氧化腐蚀能力强，在高浓度的氢氟酸中也不会被氧化。镍和镍的化合物对人体有害，因此在生物学领域应用不多，但在工业和材料领域绝对是大受欢迎的金属元素。

推理小说中的常客

铊是在1861年，由英国物理学家和化学家威廉·克鲁克斯（William Crookes，1832—1919）首次发现的。它在光谱线中呈嫩绿色，故被命名为“Thallium”，源自拉丁语“thallos”，即“绿芽”之意。和它清新可爱的语源不同的是，铊是一种非常凶险的有毒元素。由于人们对砷的认知已经非常完备，并时刻保持警惕，铊不知不觉地成为新一代投毒药物。因此，网络上与铊相关的条目中最知名的就是铊中毒，而它最可怕的地方是不需要食用或吸入，只要手触碰到含铊物质，就会通过皮肤进入人体。

再加上它也和其他有毒元素一样，早先多用作老鼠药和杀虫剂，人们很容易接触到它，人体只要摄入

0.8克，就会出现脱发、麻痹、昏迷等症状，并在数周之内呼吸衰竭而亡，可见它的危险性很高。铊较为容易取得和使用，从伊拉克的独裁者萨达姆·侯赛因到我们身边的普通人，皆可利用它来达成自己不可告人的目的，因而也引发了严重的社会问题。有趣的是，推理小说家阿加莎·克里斯蒂（Agatha Christie，1890—1976）在向普通人普及铊中毒症状并帮助解决这一问题的过程中，发挥了重要作用。她在小说《白马酒店》里将铊中毒作为一个核心关键点，详细精准地描写了铊中毒的症状，后来据说有读者看到现实中有人出现类似症状后，立即将其送入医院而最终救了对方一命。与汞等重金属不同，铊进入人体后会取代钾的位置，从而破坏神经系统，只要及时送入医院，就可以服用药物将其排出而痊愈。所以说，一本向人们传达准确信息的书可以有效地解决一些生活中的问题，有时笔要比刀更强大。之后很多推理小说和漫画电影都有涉及铊，说它无色无味、只要接触就会中毒。

铊只要一接触就会危及人的生命，若用作杀虫剂存在较高的风险，因此该元素被禁止用作杀虫剂。不过和砷一样，铊后来也被发现在很多领域非常有用，包括工业、医疗等。最具代表性的就是光学装备领域，如：红外线透视镜，高密度玻璃、电子零件、高温超导体等。在医疗领域，铊可用于心脏、肝脏、冠状动脉等疾病的检测与诊断，在心脏放射性核素显像技术中具有难以替代的作用。

痛痛病

众所周知，镉作为一种重金属元素对人体是有害的，但我们依然在使用这种元素。镉自被发现起，就出现了很多问题。1817年，德国化学家施特罗迈尔（Friedrich Stromeyer，1776—1835）发现当时用作药物的碳酸锌中有杂质，由此首次发现了镉。由于发现的新金属存在于锌矿中，就以含锌的矿石菱锌矿的希腊名称“calamine”将它命名为“Cadmium”，元素符号定为Cd。作为第二副族（ⅡB族）元素，镉的上一行是锌，而下一行是汞。其中锌是人体的必需金属元素，参与体内多种反应，并帮助吸收钙。我们也已经知道，同族元素都具备相似的特性，一旦人体吸入镉或汞等重金属，原本锌应当占据的地位和发挥的作用将被它们取代，导致生命反应不能正常进行，这样体内的平衡被打破，也就引发慢性重金属中毒。

从历史上来看，因镉污染导致集体中毒的最知名事件发生在日本富山县神通川流域的农村，患者患病后痛感不停增加，最后只能一个劲地喊道“痛死了，痛死了”，故这种病被称为“痛痛病”。发病原因是邻近矿山排放了未经处理的废水，经检测其中含有大量的镉，它污染了自来水和农田，导致附近居民体内镉元素累积而引发中毒症状。

镉和我们之前讲过的砷或铊不同，它对人体没有任何益处，完全就是一种有毒元素。目前生产的镉，大部分都被用于制造镍镉充电电池，该电池的耐用度和寿命要优于我们平常使用的碱性电池，主要用于隧道内部的安全灯和柴油发动机的启动装置等。不过，鉴于镉的毒害性，相关的使用也在减少。最近，一种名为量子点（quantum dot）的纳米材料因能够发出各种高纯度颜色的光而备受追捧，有望应用于下一代显示技术，提高电视机等影像设备的解析度和清晰度，还能用来进行太阳能发电。然而，量子点的制造离不开镉元素，但考虑到镉的有害性，目前所有的研究和工业领域都在制订长期计划，寻找更安全和有效的新元素以替代当前使用的镉，毕竟便利性和危险性是一把双刃剑。

最昂贵的死亡

除了极个别情况之外，要想寻找近现代伟大科学家，最有公信力的方式就是查看诺贝尔奖的获奖者。各国科学家勇攀科研高峰，相信想成为未来科学家的你们中间也将有人会是其中的一员。

可是你知道吗？如此难以获得的诺贝尔奖，竟然有4位科学家获得了两次，分别是获得诺贝尔化学奖与和平奖的莱纳斯·卡尔·鲍林（Linus Carl Pauling，1901—1994），两次获得物理学奖的约翰·巴丁（John Bardeen，1908—1991），两次获得化学奖的弗雷德里克·桑格（Frederick Sanger，1918—2013），以及获得物理学奖和化学奖的玛丽·居里（Marie Curie，1867—1934）。本节涉及的84号元素钋（Polonium，Po）就是由居里夫妇二人于1898年发现的，他们从数吨的沥青铀矿中提取出了该元素，为纪念居里夫人的祖国波兰（Poland），居里夫妇二人将其命名为钋。不久后，他们以相同的方法发现了另一种具有很强放射性的元素——镭（Radium，Ra），凭借如此非凡的成绩，居里夫妇二人在1903年与发现天然放射性的贝克勒尔（Antoine Henri Becquerel，1852—1908）共同获得了诺贝尔物理学奖。然而，由于长期从事放射性元素的研究，居里夫人最后死于急性白血病，引发悲剧的元素之一就是钋。

钋是一种剧毒的元素，就拿我们经常所说的剧毒物氰化钾作为参照物，钋的毒性足足是氰化钾的数万倍。进入人体后，钋就开始发生α衰变，向周围发射α粒子，释放大量能量，类似于我们体内有一个小型原子

弹爆炸一样，从内开始破坏我们的身体。2006年，流亡英国的俄罗斯间谍亚历山大·利特维年科（Alexander Litvinenko）被毒杀，在他的体内发现了大量的钋。由于钋是放射性元素，因此个人很难处理，再加上自然界的分布非常稀少，因此很难将其视为个人实施或偶然发生的事件。这以后，钋被认为是现存毒药中最具毒性，且最难找的物质。

不过，如此危险的钋现在也有其应用领域。当然，由于它的放射线向四面八方无差别发出，因此显然不能用于我们的日常生活，但放到浩渺的宇宙空间钋就是一种优秀的元素，毕竟周边没有人类，有再多的放射线也无关紧要。由于钋在α衰变过程中会产生很多能量，因此对钋的研究围绕着如何利用这些能量进行。人们发明了一种叫作核电池的装置，它是利用少量放射性元素来长时间提供能量的系统。该装置的能量源可以采用核能发电的副产品——放射性元素钚或锶，以及本章说到的钋。现实中也已经有了使用案例，比如用作月球探测器的“月行者（Lunokhod）1号”（1970年）和“月行者2号”（1973年）夜间活动的能源，以及人造卫星“宇宙号人造卫星（Kosmos）”84号和90号（1965年）的能源。

氟烈士

对于为已有元素的发现和命名做出贡献的化学家来说，氟（Fluorine，F）是噩梦般的元素。氟元素最具代表性、最传统的应用领域就是利用氢氟酸（HF）刻蚀玻璃，即利用氢氟酸腐蚀玻璃板材从而雕刻花纹和图案，这一技法从18世纪起就深受欢迎。我们知道，一般的化学反应所涉及的各种酸性和碱性溶液都被盛放在玻璃制成的实验器具中，像盐酸（HCl）或硫酸（H_2SO_4）等强酸也保管在玻璃瓶中，考虑到这一点，它可称得上是“酸”中翘楚。

除了玻璃之外，它还能刻蚀与二氧化硅（SiO_2，它是玻璃的主要成分）结构类似的其他物质，其中的代表就是现代电子工业的核心——半导体的主要成分硅（Si）。制造的半导体越精密，对氢氟酸纯度的要求就越高，因此保有高纯度氢氟酸是半导体工业体系中非常重要的一环。不过从另一个角度来看，氢氟酸的这种特性也会给人体带来极其严重的危害。皮肤一旦接触强酸，就会被烧伤，属于由外到内的损伤，而作为腐蚀性很强的弱酸，氢氟酸不仅会对皮肤等有机质造成伤害，而且它在进入人体后，就会顺着血液循环，在内部腐蚀由石灰质构成的骨骼，从而引发可怕的问题。新闻中报道氢氟酸泄漏事故时人们总是深表忧虑的原因也在于此。

氢氟酸的核心元素——氟也是因具有毒性闻名的元素，这也是其所属的第七主族元素的共同特性，由于其活泼性（与其他元素或物质发生化学反应的性质）极强，对构成人体的有机物或其他物质具有强氧化性和腐蚀性，甚至能和零族的惰性元素形成化合物，而零族元素通常被认为是不会与任何物质发生化学反应的［氖（Ne）除外，它才是真正意义上的惰性气体，不会与任何物质发生反应］。人体组织结构非常精密，一旦氟让其中任一部分发生变质，就会对整个人体造成致命影响。正因为如此，过去人们为了分离和制取氟这一元素，付出了众多生命的代价。

这些先驱们被称为“氟烈士（Fluorine martyrs）”，其中还有很多我们可能听过的著名化学家，包括研究出电化学方法并分离出多种元素的汉弗莱·戴维，致力于电子研究、发现电流的安德烈·玛丽·安培（André

Marie Ampère），为氧、氯、钨（Tungsten，W）、锰、钼等物质的发现做出贡献的卡尔·威尔海姆·舍勒（Carl Wilhelm Scheele），发现强氧化剂的弗雷米（Edmond Frémy），为硼和过氧化氢（H_2O_2）的发现做出贡献的泰纳尔（Louis Jacques Thenard），发现气体相关法则的盖·吕萨克（Joseph Louis Gay-Lussac）等，他们在发现和制备氟的过程中，或多或少因氢氟酸或氟气受到致命伤害，此后数年间只得卧床调养身体。直到法国化学家亨利·莫瓦桑发现了安全分离氟元素的方法，使这一难题得到了解决。他也因这一发现获得1906年诺贝尔化学奖，而当时他的最强劲的竞争者正是大名鼎鼎的元素周期表之父门捷列夫。不过获奖后仅过去两个月，他就因长期暴露在有毒物质中而离世。由于在发现氟的过程中造成了重大牺牲，所以氟在被发现和分离之后，依然被认为是极度危险的元素。

除了用于基本的玻璃加工和半导体工程之外，氟的应用范围也很广泛。在我们身边最常见的就是牙膏，我们很容易找到标有“含氟”的牙膏。蛀牙不像我们想象的那样，并不是细菌从牙齿表面攻击，而是酸性物质通过牙齿存在的小孔进入内部，使得牙齿的损伤越来越大。而牙膏中的氟可以与牙齿的组成物质相结合，从而填补牙齿表面的细孔，增加牙齿的使用寿命，因此很多牙膏都含氟。还有一种叫作聚四氟乙烯，又称特氟龙（Teflon）的物质，它由含氟的高分子物质构成，能够在硫酸等各种极端条件下稳定存在，不被腐蚀，因此被用作实验用品或厨房器具的涂层剂。除此之外，特氟龙拉长后制成的纤维布料就是戈尔特斯（GORE-TEX），一种用于登山服或运动服的高端面料。另外，很多治疗疾病的药物中都含有氟。在新药开发和医疗领域，氟也因有更多的应用和更好的效果而备受瞩目。正是有了过去众多"氟烈士"的挑战和牺牲，氟才得以成功分离制取，才能让我们更好地利用它去造福人类。

为了更快速地致死

对于元素或物质的毒性认知，大多数都是偶然在实验中得到或者起初完全不知道，后来才发现问题并注意到的，但我们现在要讲解的氯（Cl），与之恰恰相反，它最大且最早的应用就是为了制造更多、更快速的杀戮——这一违背人伦道德的目的。

这个故事的核心人物是德国化学家弗里茨·哈伯（Fritz Haber）。根据诺贝尔奖创始人阿尔弗雷德·诺贝尔（Alfred Bernhard Nobel，1833—1896）的遗志，诺贝尔奖要授予那些为人类福利做出贡献的人，具有讽刺意味的是，哈伯在1918年获得了诺贝尔化学奖，但他研究的目的竟然是为了种族歧视和大规模屠杀。哈伯最大的贡献是发明了哈伯法合成氨，利用氮气（N_2）和氢气（H_2）直接发生反应，成功地大量合成了由氮元素和氢元素组成的氨气（NH_3）。该研究成果让之后大规模生产植物生长所必需的肥料成为可能，推动了大规模农场的发展，增加了农作物的产量，引发了农业革命。但是在第一次世界大战中，哈伯担任化学兵工厂的厂长，负责研究、生产用于大屠杀的化学武器。氯（Chlorine，Cl）刚开始被发现的时候，因其有毒而成为和氟一样的问题元素。哈伯就参与了含有氯气的化学武器的开发，该化学武器于1915年4月22日在比利时西部城市伊普尔（Ypres）投入实际使用，造成了可怕的后果。

尽管一开始人们只关注氯的毒性，将其用于制造更有效的杀戮，但之后人们还发现了氯的多种功用，目前它也已经深入我们生活的方方面面。

其中最具代表性的应用就是杀菌、消毒和漂白。我们使用的自来水在废水处理厂经过净水处理后，常会通过氯气进行消毒和杀菌处理。由于它几乎可以完全去除水中的各种细菌，因此世界各国普遍使用氯气来消毒。有人可能会担心氯气对人体有害而拒绝使用氯进行消毒，但如果没有氯进行消毒，霍乱等多种水因性传染病可能会大肆传播，从而引发更大的灾难，因此氯是维持现代社会安全运转的必需元素。另外，我们使用的漂白剂中也通常含有氯的化合物，在氯的漂白能力被发现之前，洗涤需要耗费大量的时间和体力，后来，随着漂白剂的发明，家务劳动所需的时间大量减少，我们的生活也变得更加美好，这也是氯的功劳。除此之外，它还能用来制造PVC（一种名为聚氯乙烯的材料的简称），常用于管道、胶卷等物品的生产。氯的盐类化合物氯化钠（食盐）有助于维持人体血液等体液的浓度，氯也是消化液之一的胃酸的主要组成元素，可以说是人类不可或缺的元素。

除了本章所涉及的元素之外，还有很多元素因被认为有毒或存在问题而让大众避之不及，但随着它们隐藏的价值被发现，也越来越受到人们广泛的关注。比如汞，作为炼金术的一大推手，此前因其剧毒性而引发很多问题，现在它与其他金属结合形成的汞齐（汞合金），被用作平价的牙科填补材料，为治疗的普及化和大众化做出了贡献。由于社会和环境所要求的技术会时刻改变，还会诞生很多新技术，所以这些元素以何种方式为我们的生活做出贡献并不是一个可以简单下结论的问题。

那么，我们现在认为是很好的元素，被大规模使用的元素，是否也会在将来因出现问题而让人们敬而远之，或部分被禁止使用呢？答案自然也是肯定的，比如，在镀金金属表面使用的铬（Chromium，Cr），人体的必需元素、支撑遗传物质DNA的结构的成分磷（P）等元素，它们也会根据其利用方式表现出毒性，或被用作危险武器等。这样的事例不胜枚举。为了更好地利用这些元素，准确地了解各个元素才是重中之重。正所谓“知识就是力量”，这一名言用在元素身上真是再恰当不过了。

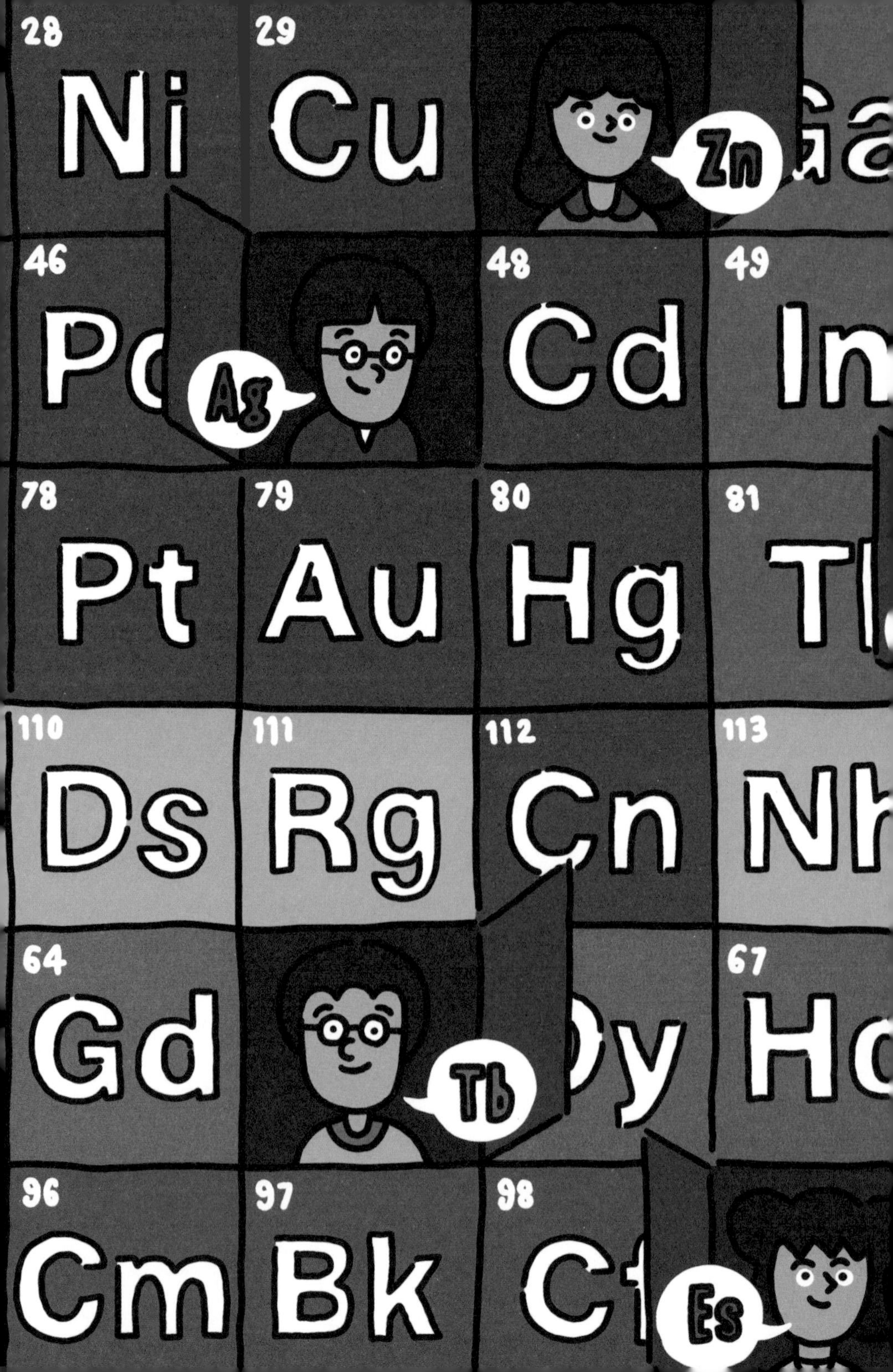
28
Ni
29
Cu
Zn
46
Ag
48
Cd
49
In
78
Pt
79
Au
80
Hg
81
110
Ds
111
Rg
112
Cn
113
64
Gd
Tb
67
96
Cm
97
Bk
98
Es

7
寻找新元素
33 As
34 Se
35 Br
53 I
85 At
117 Ts
70 Yb
71 Lu
101 Md
Fl
Fm
Tm
Lr

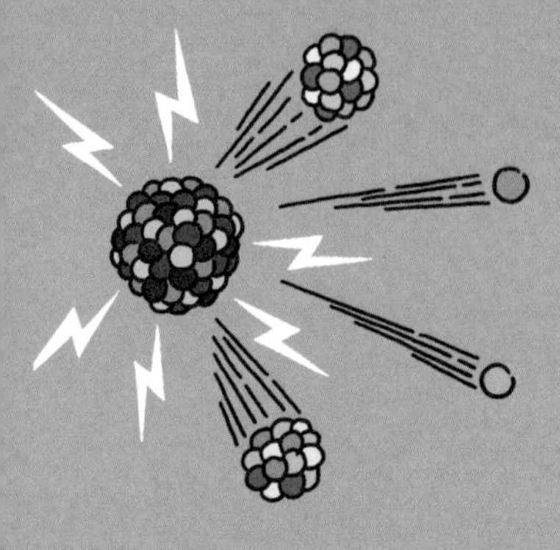

尽管各种元素同人类历史朝夕相伴，但我们可以发现，除了数千年前就已确认存在并加以利用的几种元素之外，其他元素的发现者和发现时间，以及元素名称的来源等信息都有着重要的意义。有人因此获得了贵族爵位的名誉，也有人得到让世人永远铭记自己、自己的国家或是自己所尊敬的其他学者的机会。因此，从19世纪开始，为了寻找、分离和确认新元素并将它们公之于世，众多化学家付出了极大的努力。在工业革命时期，随着人们利用电化学实验方法成功从我们周边物质中制取元素，大量的新元素被制取和发现。让我们回到那个波澜壮阔的时代，一起回顾寻找新元素的旅程，共同畅想元素和化学的未来吧！

前赴后继现身的镧系元素

一般来说，元素周期表中的57号到71号元素是单独成行排列的，这15种元素统称为镧系元素，以最先提及的元素镧（Lanthanum，La）为首同属一族，因而得名。最有趣的是，这些元素都聚集在同一个地方出产的矿石中，化学家们将它们一一分离，最终全部找了出来。这一系列发现的开端很普通，1787年，在瑞典首都斯德哥尔摩附近以矿业闻名的村庄伊特比（Ytterby），军官卡尔·阿克塞尔·阿伦尼乌斯（Carl Axel Arrhenius，与化学家阿伦尼乌斯不是同一人）散步时发现了一块不明成分的黑色矿石。这块异常沉重的黑色矿石成功地引起了平时就对化学非常感兴趣的阿伦尼乌斯的注意，于是他便委托他人进行分析。1789年，约翰·加多林（Johan Gadolin，1760—1852）发现这块黑色矿石的38%由未知元素的氧化物组成，也就是钇（Yttrium，Y）的氧化物。后来有人从中分离出纯净的钇，而这一黑色矿石也因此被称为“加多林石”（gadolinite，即硅铍钇矿），研究镧系元素的大门也由此开启。

1840年，人们正式对加多林石进行元素分析，前后总共发现了7种新的镧系元素，可谓是硕果累累。1843年，莫桑德尔（Carl Gustaf Mosander，1797—1858）发现两种镧系元素后，以矿石最早的发现地——伊特比（Ytterby）分别将这两种元素命名为铒（Erbium，Er，取自Ytterby中的erb）和铽（Terbium，Tb，取自Ytterby中的ter）。此后40多年的时间内，经过多位化学家的努力，从加多林石中又依次发现了镱（Ytterbium，Yb）、钬（Holmium，Ho）、铥（Thulium，Tm）、镝（Dysprosium，Dy）、镥（Lutetium，Lu）。这些听上去很陌生的元素并不存在放射性或毒性等问题，而且各自具有独特的光学性质（颜色等与光相关的特性），因此广泛应用于我们日常生活中的很多领域，比如光纤、有色玻璃、光盘等众多尖端制造领域。

剩下的8种镧系元素，大部分并非出自加多林石，而是在一种称为铈硅石（cerite）的矿石中发现的，铈硅石属于硅酸盐矿石（硅和氧为主要成分的矿石）。1803年，也就是加多林石中的7种镧系元素被发现的前

40年左右，瑞典化学家贝采里乌斯和瑞典矿物学家希辛格（Wilhelm Hisinger，1766—1852）、德国的化学家克拉普罗特成功分离出铈（Cerium，Ce），它通常用作混合稀土金属的主材料，这是一种由镧系元素组成的合金，主要用途是通过摩擦生火，因此在我们周围也很常见，比如打火机的火石或取火棒（fire steel）等。之后在铈硅石中又发现了其他的镧系元素，包括镧系元素的名称来源——镧（Lanthanum，La）、最强磁石材料——钕（Neodymium，Nd）、 镨（Praseodymium，Pr）、钐（Samarium，Sm）、用于欧元纸币防伪标志的铕（Europium，Eu）。元素钆（Gadolinium，Gd）的名称源自加多林石的最早研究者加多林，它在加多林石和铈硅石中均有发现，将镧系元素的发现史串联了起来。

到目前为止，我们已经讲解了14种镧系元素的发现简史，是不是还少了一个？最后一个就是钷（Promethium，Pm），来源于铀核裂变（原子核分裂释放大量的能量的反应，用于核能发电），因此它的发现具有重要意义，其名称源自希腊神话中给人类带来火种的泰坦——普罗米修斯。尽管发现的过程有些许不同，

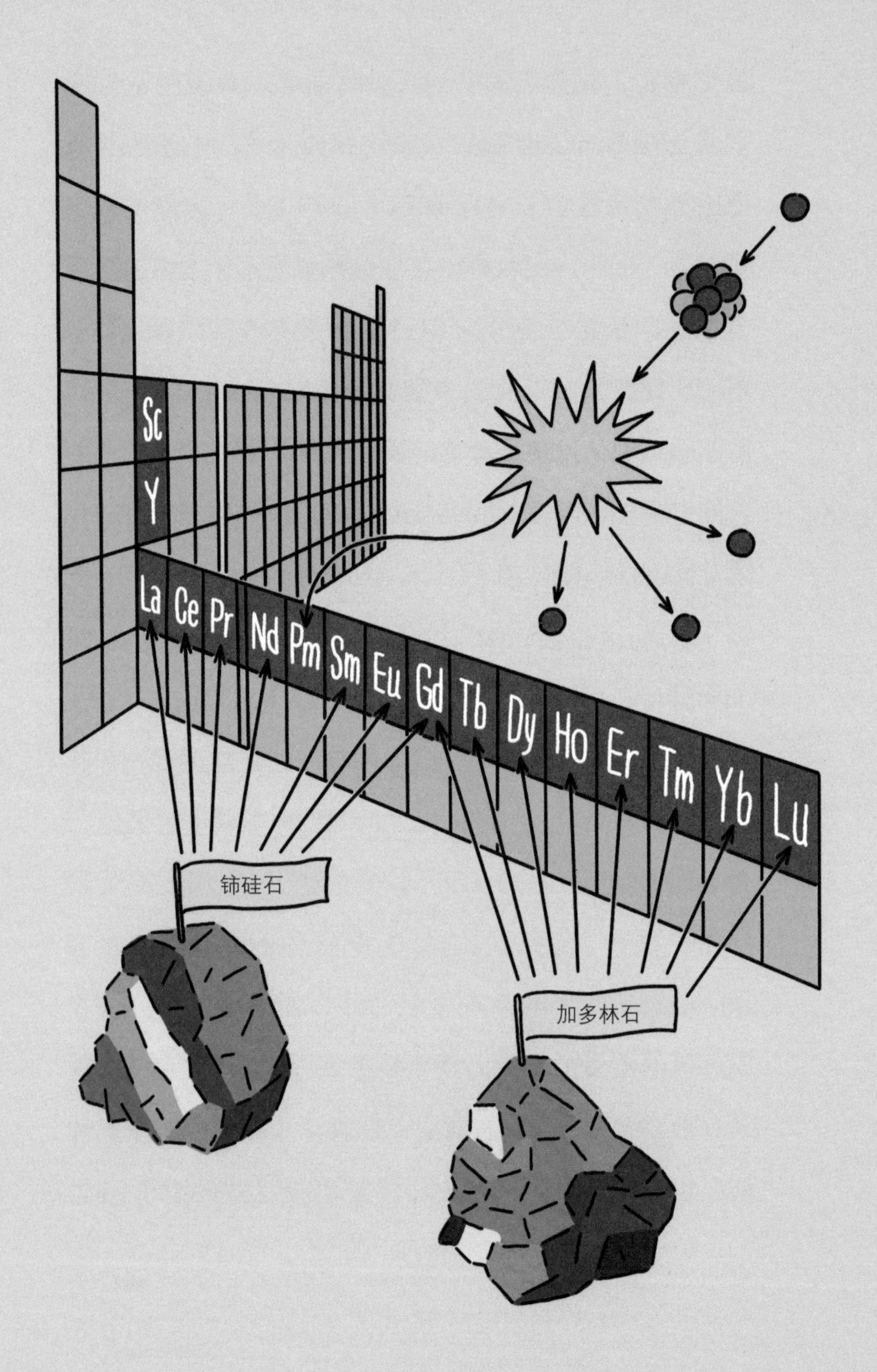

Sc
Y
La
Ce
Pr
Nd
Pm
Sm
Eu
Gd
Tb
Dy
Ho
Er
Tm
Yb
Lu
铈硅石
加多林石

但我们是依据电子的排布空间，即轨道来进行分类的。镧系元素的共同特征是f轨道中有电子分布，而钷也具备这一特征，因此也属于镧系元素。

如果说到目前为止，元素是通过酸碱等试剂的反应或电化学的方法等化学实验被人发现的，那么在后文中所要讲解的元素则像钷一样，是通过原子核的聚变或裂变等物理变化才得以被人发现的。而后者的这种发现方式实际上是人为地合成自然界不存在的元素并加以研究，是一个全新维度的领域。在进入全新领域之前，我们来了解一下自然界存在的最后几个元素是如何被发现的吧。

天然元素VS人工元素

我们已经知道，地球上总共有约90种天然元素（或称为自然元素）。从公元前开始，人们就通过大气、矿石、溶液等各种地球上的物质来寻找元素，这一系列的努力也得到了相应的回报，从中诞生并发展了诸多化学实验方法，而从混合物中分离提取各个元素的技术也在不断发展。然而，地球的组成元素种类不可能是无限的，因此我们也能预见到，总有一天地球上所有的自然元素都会被发现。

1925年发现的铼（Rhenium，Re）是最后一个被发现的稳定的天然金属元素。作为一种稳定的元素却最晚被发现，原因自然要归于其数量稀少且难以确认，毕竟它是地壳中最稀有的元素之一。铼的熔点较高（3 186℃），仅次于钨（W，熔点为3 422℃）金属，因此用途又十分广泛。相较而言，通常被认为是代表性金属的铁（Fe）在1 538℃的温度下就会熔化成液体，可见铼的耐热性能十分优异。另外，它不仅耐热，而且在高温条件下还耐物理磨损，因此成为火箭发动机或飞机喷气发动机等领域不可或缺的材料。储量如此之少，而应用领域又是如此重要，因此铼的价格非常贵。

那么，铼是所有天然元素中最后一个被发现的吗？除去稳定这一限定词，最后发现的天然元素应该是第一主族碱金属的最后一个元素——钫。作为同族元素铯（Cesium，Cs）的下方的元素，钫在门捷列夫的周期表中被标记为“类铯（Eka-cesium）”，但一直以来都没有发现它的真身。在铼被发现后，又过了整整14年的时间，钫才被发现。虽说是天然元素，但它并不是在某一矿石中被发现的，而是在观察锕元素（Actinium，Ac）的衰变过程中，人们首次发现了钫的存在。不过后来人们也推测自然界中存在的钫元素大概有30克，换句话说它也被认定是一种天然元素。之所以很难发现钫，是因为其最稳定的同位素“钫-223”的半衰期（存在量减少一半所需的时间）只有21.8分钟，所以发现自然状态的钫几乎不可能。

最终，钫也被认为是一种天然元素。尽管自然界的存在量非常少且获取途径是通过人工分解其他元素得到的，但究其本质还是属于自然的。我们以后要考察的元素中，有些类似于钫，而有些则是彻头彻尾人类新制造的元素，这些元素被统称为人工元素。

元素能人为制造?

地球上的天然元素纷繁复杂，有些含量很丰富，有些含量很稀少，还有像钫这样的，自然界的储量极其稀少，只能通过人工获取，就好比濒临灭绝的珍稀动物一样。制造人工元素就相当于创造出地球上不存在的新东西，需要非常高超的技术。而这一尝试的第一个成果便是第43号元素——锝（Technetium，Tc）。

门捷列夫从最初研究周期表时，就注意到了锝的存在。它位于钼（Mo）和钌（Ru）之间，即锰（Mn）的下方，但由于当时尚未被发现，故将其称为“类锰”，希望有一天后人能补齐缺失的拼图。然而，这一愿望的实现耗费了很长的时间，尽管很多化学家发现并报告过推测为43号元素的新元素，但结果证明它们都是其他的元素。不过好在当时被误认为是43号的元素，最终

也被确认为铱（Ir）、钇（Y）、铼（Re）等未曾发现的新元素，相关的研究也不算是打水漂。1937年，锝在一次偶然中首次被发现，当时在加速器实验中用氘原子核轰击钼（Mo）元素时，发现了一种新元素。这一发现经反复研究鉴定后，确认该元素为一种全新的元素，它与门捷列夫预测的“类锰”物理性质相似，可以说是补齐了那块缺失的拼图。锝是第一个用人工方法制得的元素，故根据希腊语“technetos（人造）”将其命名为“Technetium”。

也有人说它因是现代技术（technology）的产物而得名，总之，这是一个历史性的事件，证明了用当时无法想象的新方式寻找人工元素可能性。打开元素周期表，你就会发现第43号元素在一堆天然元素中间鹤立鸡群。事实上，锝也是一种天然元素，但其最稳定的同位素的半衰期也仅有420万年，在地球诞生至今数十亿年的时间里早就衰减消失，由此学术界普遍认为锝在天然状态下并不存在。但在1961年，科学家发现天然铀在裂变过程中也会产生锝，由此确认地壳内实际上也存在微量的锝。

那么，第二个人工元素又是什么呢？同样，它的出现也是为了填补元素周期表中的空格，是人们尝试寻找比发现的天然元素中最重的元素更重元素的结果。第92号元素铀（U）是地球上天然元素中最重的，以此为基准，我们把比铀更重的元素称为“超铀元素”。人类第二个制造的人工元素，同时也是第一个超铀元素——镎（Neptunium，Np），原子序号93。它于1940年被发现，也就是锝被发现后的第二年，通过中子撞击铀获得，这参照了用氘核撞击钼得到锝的方式。由于它的原子序号比铀元素多了1，故根据太阳系中天王星的后一位海王星的名字（当然天王星和海王星的发现时机也起到了很大的作用，正如我们上文所叙述）将其命名为“Neptuenium”。

第三个人工元素是砹（Astatine，At），元素序号85，它也是地球上存量最少的元素之一。它的化学性质活泼，很容易衰变成其他元素，故根据希腊语“astatos（不稳定）”命名。实际上无论是人工合成，还是自然形成，砹都没有聚集到可以用肉眼直接观察到的地步，其稀有程度可想而知。砹属于第七主族的卤族元素，位于碘的下方，并标记为“类碘”。

砹也是在镎发现的同一年——1940年被发现的，还是同样的方法，用氦核撞击铋（Bismuth，Bi）试图制造出更高序号的元素。结果诞生了史上第三种人工元素，也是地球上极微量存在的天然元素。从上述三个成功的案例中，科学家们已经掌握了如何制造新元素的方法，即不是通过元素的化学反应，而是通过物理冲击或衰减来改变质子数量的极端方法，而这也颠覆了道尔顿关于原子不可再分的理论。

放射性元素——锕系元素

在元素周期表中，位于镧系元素正下方的89号到103号元素被称为锕系元素，共15种。这些元素和为首的锕元素一样，因电子在轨道中排布相似而得此族名。它们大部分在矿石中被发现，与提纯后在多个领域广泛使用的镧系元素不同，锕系元素都是放射性元素，会向周围释放有害射线。因此，我们实际利用的锕系元素非常有限。锕系元素的组成也非常独特，包括天然元素、原子核天然衰变形成的元素以及人工合成元素。最先被发现的锕系元素是铀，由分离出铈（Ce）的克拉普罗特在1789年发现，从自然界分布较为广泛的沥青铀矿中可以分离提取出铀。另一种天然锕系元素钍（Thorium，Th）提取自方钍石（thorianite），元素名源自北欧神话中的雷电之神托尔（Thor）。天然锕系元素在18世纪初中期已经全部被发现，然而真正的挑战才刚刚开始。

1899年和1913年，人们分别发现了锕（Ac）和镤（Pa）。前者作为锕系元素的代表，被检测出具有锕系元素的共同特征——放射线，故用希腊语“aktis（射线）”命名；后者在衰变的过程中会形成锕，因此被命名为“Protactinium”，意为“锕之母”。此后的超铀元素全部通过人工合成制取，从铀到镎，再从镎到钚，人们持续以同样的方式制造更大、更重的元素，将锕系元素的空位一一填补。

之后的这些锕系元素也因其放射性会对人体造成危害，所以在日常生活中的使用非常有限，不过有一种超铀锕系元素却在我们周围非常常见，它就是镅（Americium，Am）。作为制造烟雾报警器的核心元素，我们虽然看不到它，但却是时刻都在接触的元素。之所以能够做到这一点，是因为该元素衰变所需的时间过于漫长，以至于我们可以安全地使用，不会受到实际的伤害。

其他的元素都在近现代被发现，多以著名科学家的姓名进行命名。比如为了纪念居里夫人的锔（Cruium，Cm），诞生于1952年的人类首次氢弹试验——常春藤麦克（Ivy Mike）试验之后，为纪念核武器的开发功勋——爱因斯坦和费米的锿（Einsteinium，Es）和镄（Fermium，Fm），源自元素周期表之父门捷列夫的钔（Mendelevium，Md），源自阿尔弗雷德·诺贝尔的锘（Nobelium，No），以及为了纪念欧内斯特·劳伦斯的铹（Lawrencium，Lr）。用劳伦斯的名字命名的还有劳伦斯伯克利实验室，它在之后众多元素的发现中发挥了核心作用。最终，总共15种的锕系元素均被发现。

元素的尽头在哪里？

元素周期表的横向为周期，从钫到锕系元素，以及之后的众多合成元素均属于第七周期，这也是最近发现新元素的最前沿阵地。对于那些明确存在的元素，尽管还没有被发现，但化学家们依然会在这种不确定的情况下不断地通过实验去寻找，而对于根本不知道是否存在的元素，他们也不会在没有任何根据的情况下进行盲目的寻找。有些化学家是通过实验去寻找新元素，但也有学者凭借出色的头脑进行想象和计算，试图从理论上去论证可能性。从现在开始，我们来了解一下关于人工合成元素的理论背景和局限性。

我们需要通过原子这一最小单位来解释元素的构造和形态，所以我们将目光重新转向原子这种粒子。前面我们已经说过，道尔顿提出原子论后，汤姆孙和卢瑟福发现了质子、中子、电子，并揭示了原子核的内部结构。这里你是否觉得有些奇怪呢？一个原子内部分明具备了带正（+）电荷的原子核和带负（–）电荷的电子，为什么两者没有发生异性相吸的作用呢？按照一般的原理，应该会出现双方因为异性相吸的作用，相互结合而不再分开的结果。如果是这样，原子的体积就会变得极小，能够结合或发生化学反应的自由电子消失，我们生活的物质世界也会随之崩溃，因此人们推测这种吸引力可能被某种东西所抑制。

为解决这一逻辑错误，丹麦物理学家尼尔斯·玻尔（Niels Henrik David Bohr，1885—1962）提出了一套新观点。作为卢瑟福的学生，他引入“量子化”（能量等像阶梯一样按高低层级分布）的理论，认为电子只能处于特定的圆形轨道上围绕原子核运动。他将牛顿经典力学和当时冉冉升起的量子力学相结合，提供了一种新型的原子模型。

在最重的天然元素铀被发现之后，很长一段时间内都没有发现更重的超铀元素，根据玻尔的原子模型以及已知的元素和质量之间的关系，92号元素铀被认为是事实上最重的元素。此后，玻尔和索末菲（Arnold Johannes Wilhelm Sommerfeld，1868—1951）从以原子模型为基础的量子力学的角度进行解释，认为比铀更重的元素最终会因其大小和电子半径等处在不稳定状态而向周围释放射线，从而导致原子核发生衰变。之后有科学家还得出结论说，原子序号为137的元素是人类能找到的最后一个元素。

现在我们已经发现了118号元素，距离被认为是极限的137号元素还有很长一段路，但正如92号元素也曾被认为是最后的壁垒，后来却被撞击原子等物理方法所攻破一样，现在所预想的极限也很有可能被突破。其中可能性之一就是地球外的宇宙。事实上，地球只是宇宙中无数星系之一的银河系中无数恒星系之一的太阳系中的第三颗行星。因此地球从诞生到现在，即便你感受不到，也无时无刻不受到宇宙的影响。我们来举几个典型的例子吧。地球大气中存在近78%的氮气是从何而来呢？答案就是宇宙。恐龙灭绝的原因被认为是陨石撞击，这一推测的根据就是当时的地层中发现了大量的铱（Ir），而该元素在地球上存量稀少，但在陨石中却含量丰富。

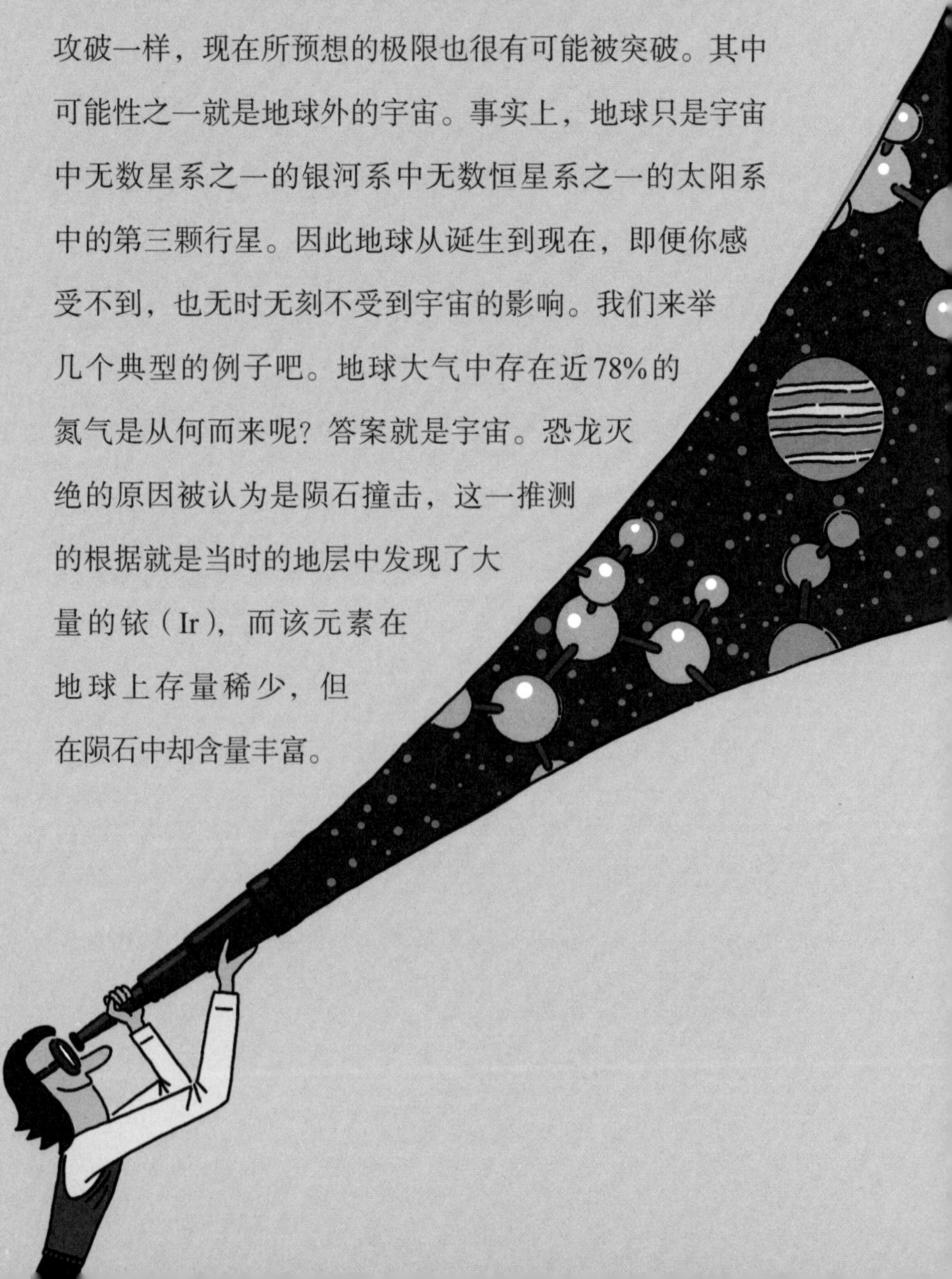

还有电子设备中电池所使用的锂（Li），其实是在宇宙射线（cosmic ray）的作用下生成，然后被带到地球的。关于元素极限和应用的讨论仍在进行中，甚至有人提出这样一种理论：宇宙射线由143号名为“Ultine”的未知元素组成，它有很多用途。

寻找新元素到底有什么意义呢？就天然元素而言，从发现之前就广泛使用的元素，到发现后寻找其用途的元素，所有的天然元素都无一例外地为我们所用。另外，像锝（Tc）和砹（At）之类的自然界中含量极少，需要人工合成的元素也在癌症等疾病诊断领域大显身手，镧系元素和锕系元素同样能做到物尽其用。然而，96号锔（Cm）以后的元素除了供科学家研究所用之外，并没有实际用途，甚至104号铲（Rf）之后的元素，人们都还没有掌握其特性。由于只能勉强制造出很少的量（很多时候只有几个原子），因此无法拿来进行实验或分析。

在包括冷战时期在内的过去，新元素的发现和命名与宇宙探索一样，是衡量一个国家科技水平的重要尺度，因此各国都在其中投入了大量的人力和物力。当然，现在各国也一直在努力寻找和发现新元素，但实际上很难在短期内完成从发现到实际应用的跨越。不过，现在我们已经掌握了引力波、黑洞等各种理论概念，未来会把目光从地球转向宇宙，那些在地球上不稳定、难以利用的元素有望在宇宙空间中成为非常有用的新资源。以不被实用价值所束缚的好奇心以及不给自己限定范围的热情，不断地去挑战新的领域，不正是现代的炼金术士们的形象吗？

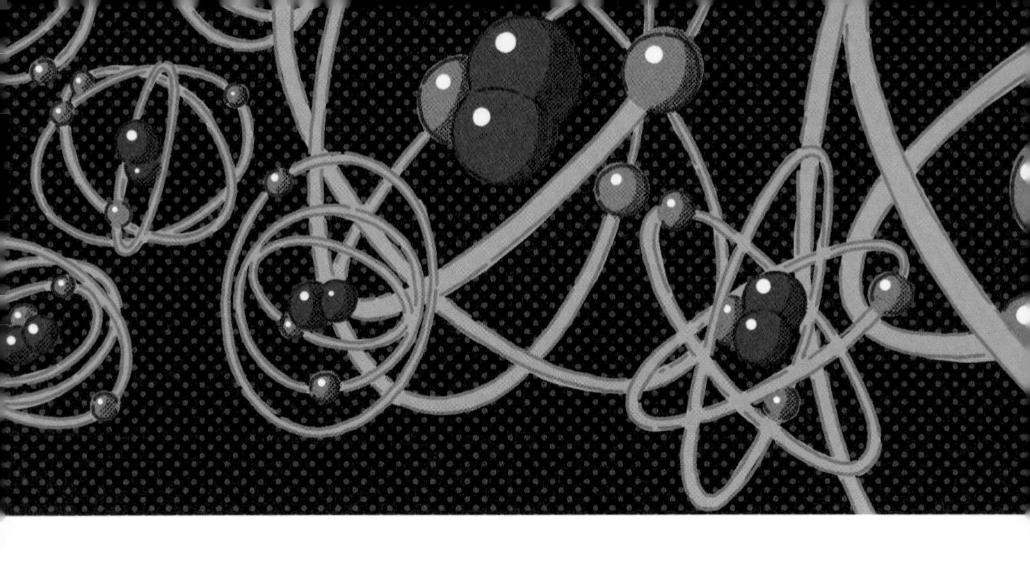

向着更大的元素世界昂首阔步

从地球的诞生到人类文明的发展，再到宇宙空间，相信本书带着大家完成了一次非常有趣的科学旅行。如果我们不再只把注意力放在元素的名称和特性上，而是注意观察它在生活中的身影，那么它们就不会显得过于神秘。即便没有在重大历史事件中发挥重要作用，但只要想想它们在食物、工具、环境等我们周边的所有地方所起的作用，就能发现其中隐藏的秘密故事。

相信你们都用玩具积木搭建过宇宙飞船或城堡等造型吧？正如我们要先掌握每个积木配件的形状和特征才能准确搭建各种造型，要想准确理解我们所在的宇宙和

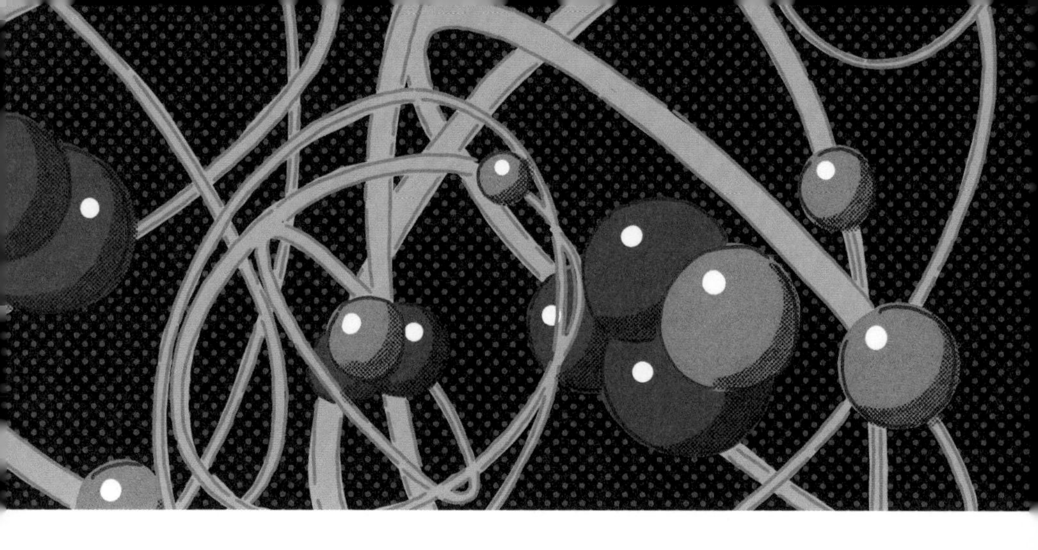

世界，就必须掌握其构成配件——元素的方方面面。即使正在阅读本书的你并不是学习化学或想以此为专业的学生，我们也离不开元素，因为我们就处在充满元素、物质和化学的世界里。我们各自所真正关心的东西同样也是由元素和化学物质构成的。如果能以这样一种新观念看待周围的一切，你会因为这些有趣的东西而变得更加快乐。

在元素这一概念还没有诞生的遥远过去，很多现在被我们尊为伟大哲学家的探索者们为提出一个新的观点而绞尽脑汁。即便在当时，这只是一个无人问津的思想火花，但随着时间的流逝和世界的发展，现在的我们才发现其中的重要性。希望大家也能像过去的先驱们那样，从小事做起，从自己做起，看到更远的地方！